抽水蓄能电站基建工程
管理岗位培训教材

工程机电管理

国网新源控股有限公司 组编

中国电力出版社
CHINA ELECTRIC POWER PRESS

内 容 提 要

本书按照国网新源控股有限公司编制的基建工程管理岗位培训规范，介绍了工程机电管理岗位人员需要掌握的专业知识和业务技能，重点针对机电设备管理、机电设备安装管理、调试管理、金属结构管理四个工作领域中Ⅰ级、Ⅱ级、Ⅲ级培训模块的培训内容进行了详细的阐述。

本书可作为水电厂基建工程管理中的工程机电管理岗位培训教材，也可供相关工程建设人员参考使用。

图书在版编目（CIP）数据

工程机电管理 / 国网新源控股有限公司组编. —北京：中国电力出版社，2017.12
抽水蓄能电站基建工程管理岗位培训教材
ISBN 978-7-5198-1523-3

Ⅰ. ①工… Ⅱ. ①国… Ⅲ. ①建筑工程–机电设备–设备管理–岗位培训–教材 Ⅳ. ①TU713

中国版本图书馆 CIP 数据核字（2017）第 307042 号

出版发行：中国电力出版社
地　　址：北京市东城区北京站西街 19 号（邮政编码 100005）
网　　址：http://www.cepp.sgcc.com.cn
责任编辑：孙建英（010-63412369）　孙　晨
责任校对：闫秀英
装帧设计：张俊霞　赵姗姗
责任印制：蔺义舟

印　　刷：三河市百盛印装有限公司
版　　次：2017 年 12 月第一版
印　　次：2017 年 12 月北京第一次印刷
开　　本：787 毫米×1092 毫米　16 开本
印　　张：10.75
字　　数：237 千字　1插页
印　　数：0001—2000 册
定　　价：52.00 元

《抽水蓄能电站基建工程管理岗位培训教材》

编 委 会

主　　　　任　林铭山

副　主　任　张振有　孙晓雯　黄悦照

委　　　　员　王洪玉　王　涛　吴冀杭　高继东

　　　　　　　朱安平　佟德利　张国良

执 行 主 编　佟德利

本册执行副主编　刘争臻　郝　峰　李海波　徐　辉

　　　　　　　赵毅峰　魏春雷

本册参编人员　（按姓氏笔画排序）

　　　　　　　孙文东　李立秋　汪子翔　张吉刚

　　　　　　　赵志文　胡清娟　贺　涌　黄杨梁

　　　　　　　黄彦庆　散齐国　廖文亮　熊　涛

本册审查人员　（按姓氏笔画排序）

　　　　　　　杨洪涛　何永清　罗成宗　葛军强

前 言

当前，经济全球化、社会信息化、能源清洁化持续推进，宏观经济形势、能源发展格局、生产消费方式深刻变化。国家电网公司围绕全面建成“一强三优”现代公司，推动构建全球能源互联网，科学谋划了“十三五”发展目标，对抽水蓄能电站做出“加重、加快、加大”建设的重要部署。“十三五”时期，国网新源控股有限公司（以下简称国网新源公司）规划电源新开工抽水蓄能电站 29 座，容量 3645 万 kW，每年开工项目 5～6 个。到 2020 年，国网新源公司运行容量 2935.4 万 kW（其中，抽水蓄能 2437 万 kW，常规水电 498.4 万 kW)，在建容量 4575 万 kW（全部为抽水蓄能项目)，可控容量 7510.4 万 kW。国网新源公司要在“十三五”期间实现初步建成抽水蓄能行业国际一流企业和水电行业示范企业的目标，离不开水电厂运维管理、水电厂安全管理、水电厂基建工程管理等三大核心专业的建设与发展。其中，基建工程管理作为抽水蓄能电站建设的基础岗位，其人才培养的速度与质量直接决定了整个公司的发展速度，创新基建工程管理人才培养模式已成必然之势。在国网新源公司各级领导高度重视下，经过全体编审人员一年时间的努力，《抽水蓄能电站基建工程管理岗位培训教材》出版了。

本套教材有其自身鲜明的特点。一是内容的针对性更强，专门针对抽水蓄能电站基建工程管理岗位人员进行编写，能满足该岗位人员工作所需的基建工程管理知识；二是书中的案例都是抽水蓄能电站建设过程中基建工程管理人员沉淀下来的经验、现场做法，将案例与理论相结合，既体现了教材的专业性，也不乏工作情景的支撑，通俗易懂，使读者学习起来不枯燥；三是填补了国内对抽水蓄能电站基建工程管理岗位人员培训教材的空白。

本套教材以提升岗位胜任能力为目标，以岗位培训规范为依据，阐述了基建工程管理的基本概念，内容涵盖了基建工程管理业务的各个方面，包括工程安全管理、工程质量管理、水工综合管理、工程机电管理、工程技经管理等岗位的培训内容。教材中将培训模块划分为三级，其中，Ⅰ级主要面向新入职的大学毕业生，Ⅱ级主要面向入职3～5年、已熟练掌握基建工程管理相关业务的人员，Ⅲ级主要面向入职5年以上、具有丰富的基建工程管理经验的专业人员。

本套教材凝聚了国网新源公司多年来专业技术骨干、安全管理、质量管理、人力资源管理等人员的心血与汗水，编写过程中得到了安徽绩溪抽水蓄能有限公司、河北丰宁抽水蓄能有限公司、仙居抽水蓄能有限公司、浙江宁海抽水蓄能有限公司、江西洪屏抽水蓄能有限公司等相关人员的大力支持，在此一并表示感谢，希望教材对使用者快速成才有所裨益。

限于作者水平，书中难免有疏漏和不妥之处，恳请广大读者批评指正。

编　者

2017年12月

目　录

第一章 机电设备管理

模块1 机电设备采购管理（Ⅱ级）

模块描述 本模块介绍机电设备采购过程事项的主要内容，通过流程介绍和要点讲解，能够提报物资需求计划，编制招标文件技术规范书，并能进行内部横向工作协调。

正 文

一、物资需求计划编制

（一）年度物资需求计划管理

（1）年度需求计划是根据项目建设单位年度综合计划建议和预算，结合历年需求，进行科学预测形成的需求计划。年度需求计划的主要类别为施工类、货物类、服务类，主要范围包括工程建设、科技信息化、后勤服务、固定资产零购、超市化采购等，主要内容包括项目名称、项目类型、资金性质、资金来源、需求单位、计量单位、需求数量、估算单价、需求时间及拟安排采购的批次名称等信息。

（2）年度需求计划根据采购方式一般分为年度物资需求计划（招标）和年度物资需求计划（非招标），但机电设备原则上采用招标采购方式，一般35kV及以上输变电设备属于国家电网公司输变电项目变电设备（含电缆）招标，主机设备属于国家电网公司电源项目物资招标，信通、调度设备属于国家电网公司信息化设备招标，其他设备属于国网新源控股有限公司（简称国网新源公司）物资招标。具体编制要求如下。

1）项目建设单位应根据国网新源公司年度综合计划和预算，或列入国网新源公司年度预安排的计划和预算编制需求计划。

2）项目建设单位在编制年度需求计划时应严格按照国网新源公司下发的年度物资需求计划编制模板进行编制，并通过ERP系统上报国网新源公司物资部。

3）年度需求计划应全面覆盖纳入年度投资计划、综合计划和财务预算的所有物资，做到不重复、不漏报。

（3）年度需求计划审核由国网新源公司本部、项目建设单位物资管理部门组织开展，同级项目管理部门（如基建部等）和需求单位共同参加，审核要求如下。

1）发展部门负责审核计划涉及的综合计划、项目核准情况及可行性研究批复情况。

2）财务部门负责审核计划涉及的年度预算及资金落实情况。

3）项目管理部门负责审核计划涉及的项目批复下达情况、核准情况、计划交货期与里程碑计划的一致性情况。

（二）年度物资需求计划编制与申报流程

（1）项目建设单位物资需求部门根据国网新源公司年度综合计划编制的要求，依据年度施工进度计划、综合计划、投资计划等分析预测全年物资需求，并根据之前抽水蓄能电站主要设备材料采购周期，编制年度需求计划。

（2）项目建设单位物资需求部门在企业资源计划（ERP）系统中填写的年度需求计划经本部门负责人审核后，报送本单位物资管理部门。

（3）项目建设单位物资管理部门汇总形成本单位的年度需求计划，经分管领导审批后，在 ERP 系统中上报国网新源公司本部物资部。

（4）本部物资部将上报的年度需求计划通过 ERP 系统转交本部项目主管部门审核。

（5）本部项目主管部门依据国网新源公司下达的综合计划和财务预算对各单位上报的年度需求计划进行审核。

（6）本部物资部根据本部项目主管部门审核意见编制、形成国网新源公司年度物资需求计划初稿。

（7）本部物资部在每年综合计划下达后，组织本部项目主管部门、法律顾问、项目建设单位召开年度物资需求计划审查会，会议审查内容主要包括：

1）项目立项依据。

2）项目采购范围。

3）项目分标分包、工期/供货期。

4）项目合同预算、资金来源。

5）采购方式建议及相关依据等内容。

（8）本部物资部根据会议审查情况编制年度物资需求计划，并经本部物资部负责人审核，分管领导批准后，提交本部发展策划部。

（9）本部物资部在本部发展策划部履行综合计划文件下达后，通过 ERP 系统正式下达年度需求计划。

（10）年度需求计划下达后，原则不予调整。如需求内容发生变更时，项目建设单位应按照年度需求计划申报流程要求履行相关计划变更手续。

二、招标文件技术规范书编制

（一）招标文件技术规范书编制要求

（1）招标文件技术规范书应当符合国家、行业技术标准及国家电网公司统一发布的采购标准规定和编写体例要求。

（2）项目建设单位负责组织设计单位编写招标文件技术规范书，包括技术规范书、图纸（若有）；项目建设单位应组织内部审查，编制预审报告，履行四级审核并盖国网新源公司章后上报本部物资部，按批次计划通过 ERP 系统编报招标采购申请，同时在电子商务平台编报招标文件技术规范书。

（3）技术规范书应执行国家电网公司和国网新源公司发布的招标文件范本、物资采购标准，范本通用部分原则上不做修改，专用部分由项目建设单位结合采购需求编写；国家电网公司和国网新源公司发布的招标文件范本、物资采购标准无法使用的，可参照相关范本或以往类似招标项目使用的技术规范书，另行起草。

（4）招标文件技术规范书应包括：① 对标的物要求，包括技术要求、设备选型（不得有指定品牌）、技术参数设置、主要部件技术要求、参数匹配、采购数量、实际余量等因素；② 对投标人要求，包括技术路线、工装设备要求、工艺质量标准、设备检测要求、交货期、交货地点等因素。各项技术条件应合理、明确、可行，确保工程质量，形成一定的竞争性，但不得对投标人实行差别待遇或歧视待遇。

（5）技术文件格式应正确、组部件配置表填写规范性，以及技术规范中各分表逻辑关系正确。采购组件材料（含相关附件）配置、工程量清单/投标报价及相关说明、技术评分细则的选择、图纸应正确。

（二）国家电网公司相关物资采购标准

1. 技术规范固化 ID

（1）为进一步提高采购标准应用的规范性，减轻常规物资采购技术规范编、审、批的重复性劳动，自 2014 年起，国家电网公司物资部按照技术规范书“选用为主、编制为辅”的思路，大力开展了技术规范书（通用）固化 ID 编制、应用工作，推动总部、省公司两级固化 ID 体系的建立。

（2）技术规范固化原则是“规范技术要求、适度技术冗余、确定主要组合、编制系列 ID”。固化的技术规范必须按照总部物资采购标准的要求，确定各设备材料技术参数。对总部已经明确的固化技术参数，不能进行变更。对总部确定为可选技术参数的参数项，各单位可以按照本地区的使用习惯，考虑适度技术冗余的要求，确定各参数项的参数值或值集，并将各项可选参数值或值集进行组合，确定本单位各项技术参数值的主要组合方式，对主要组合方式而不是对全部组合方式，开展技术规范固化工作。对特定物料，按照技术参数确定的主要组合，逐项编制技术规范 ID，形成对特定物料的技术规范固化 ID 目录系列。

（3）总部编制的技术规范固化 ID 全面贯彻了物资标准化成果，各单位使用时，可直接引用总部固化 ID，省公司层面只对固化 ID 与工程设计需求的符合性进行评审；总部未组织固化 ID、适宜区域固化的品类，由省公司统一组织在省公司范围内编制固化 ID 并推广应用；总部已经编制固化 ID，但不能满足实际需求的品类，各单位可参照省公司固化 ID 方案编制技术规范，经省公司专家评审通过后方可应用。

2. 电子商务平台（ECP）三表两图采购

针对国家电网公司技术固化 ID 的设备，采购技术规范只需要提供在 ECP 上提供“三表两图”。“三表两图”是指采购标准模板结构形式，其中分别包括：

（1）技术特性参数表。技术特性参数表指该物资的基本标准参数项，如额定容量、电流比等参数。

（2）组件材料配置表。组件材料配置表指物资的组部件明细配置，包括物资组部件名称、数量等信息。某些物资该表未做结构化处理，而是提供非结构化附件作为填写模板。

（3）使用环境条件表。使用环境条件表主要包含物资的使用条件要求的参数，如温度、海拔、安装地点等。

（4）电气主接线图。电气主接线图为附件形式，提供上传物资的非结构化图纸附件。

（5）平断面布置图。平断面布置图为附件形式，提供上传物资的非结构化图纸附件。

（三）国网新源公司相关招标文件范本

1. 物资类技术条款

本范本含桥式起重机、闸门和拦污栅、卷扬式启闭机、液压式启闭机、生活污水和含油污水处理设备、空调设备、通风设备、低压母线槽、电缆桥架等9个技术条款。

2. 主机设备购置

本范本含水泵水轮机及其附属设备、机组辅助设备系统、发电电动机及其附属设备、静止变频器（SFC）、发电机电压回路设备、机组状态监测系统、继电保护、计算机监控系统、启闭机设备、钢岔管等。

3. 电梯采购及安装

4. 钢板购置

5. 火灾报警及控制系统

6. 接地铜绞线、铜覆钢线购置

7. 通风空调监控系统购置

8. 照明灯具购置

9. 柴油发电机购置

10. 工程安全监测设备购置

11. 消防设备购置

三、资质业绩条件设定

《中华人民共和国招标投标法》规定招标人可以根据招标项目本身要求，在招标文件中，对投标人的资格条件从资质、业绩、能力、财务状况等方面做出一些规定，并依此对潜在投标人进行资格审查。投标人必须满足这些要求，才有资格成为合格投标人，否则，招标人有权拒绝其参与投标。同时，《中华人民共和国招标投标法》也禁止招标人以不合理条件限制或排斥潜在投标人，以及对潜在投标人实行歧视待遇。

（一）主要内容和注意事项

投标人资格是指投标人参与具体项目投标所需具备的条件，分为法定资格和约定资格两种情况。投标人资格设定是招标活动的关键环节，也是最容易出现问题的环节。投标人资格条件设定不当，轻则导致无法选择到适当的中标人，给项目的实施造成困难；重则可能引起投诉，导致中标结果及所签订的合同无效，招标人甚至可能因此受到行政处罚。以下简单说明一下资质设置的一些注意事项。

1. 设定投标人的业绩条件

投标人的业绩条件属于需由招标人自行在招标文件中确定的投标人参加投标所需具备的条件，即约定资格，是投标人资格要求中最重要的部分。业绩条件设定是否得当甚至直接决定招标活动的成败，需充分引起重视。在保证竞争性的前提下，招标人应有权自由确定投标人的业绩条件。需要指出的是，招标人在设定投标人资格条件时应当注意避免出现以不合理条件限制或排斥潜在投标人的情况，比如设定的业绩条件与项目实际需要不符，或者规定必须具有特定行政区域或者特定行业的业绩等。

2. 法定资格要求

法定资格指法律规定的投标人参与具体项目投标所需具备的条件，主要为资质要求，比如施工项目招标时，合格投标人必须是具有承担施工项目所需的施工资质的企业；勘察设计招标则需要投标人具有相应的勘察设计资质。对于法定资质，即使招标文件未作规定，如果投标人未满足，也要以法律规定拒绝其投标。

3. 设定联合体投标人的资格条件

联合体投标人虽然主体只有一个，但由于涉及多家单位（各联合体成员），法律对联合体投标人的资格要求做出了特别要求。《中华人民共和国招标投标法》规定，联合体各方均应具备承担招标项目的相应能力；国家有关规定或者招标文件对投标人资格条件有规定的，联合体各方均应当具备规定的相应资格条件。由同一专业单位组成的联合体，按照资质等级较低的单位确定资质等级。现行法律只是强调在资质等级方面，所有联合体成员均需满足规定条件。而对于其他资格要求（法定资格除外），在保证公平的前提下，招标人可规定只要有一家联合体成员符合要求即可，即具备招标文件规定的“相应资格条件”。

4. 设定代理商的投标资格

货物招标时经常有制造厂的产品代理商参加投标，投标人就分成了两种类型：一类是产品制造商，另一类是产品代理商（也称经销商）。两者存在很大的差别，代理商根本无法和制造商相比，有些制造商需要具备的条件（如生产设施）作为代理商则是不需要的。为了使代理商能够真正参与竞争，同时保证招标的公正性，在设定投标人资格条件时应进行区别处理。首先，对代理商投标人要有不同的资格要求，原则上应低于制造商投标人的资格条件。比如注册资本，代理商和制造商就应该有不同的要求，而生产条件等只能是对制造商的要求。其次，为了确保投标产品的质量，同时兼顾公平，对于代理商投标人用于投标产品的要求应与对制造商投标人的投标产品的要求相同。比如产品的技术规格、销售运行业绩、型式试验报告、质量管理体系证明等（这些条件中有些应由产品的制造商提供）。最后，在招标文件中规定只允许制造商和国外产品的代理商参加投标，这种要求是有失公平的。

5. 设定投标人注册资本条件

为了保证中标人有一定的资金实力，通常会在招标文件中规定投标人的注册资本应达到特定数额，但是这种方法往往并不能起到应有的作用。对设定投标人注册资本条件时需考虑以下事项。

（1）应明确为实收注册资本。根据《中华人民共和国公司法》的相关规定，公司的注册资本分为认缴（登记）注册资本和实收注册资本两种情况，如果不予以明确，评标时将难以判断以哪一类作为评价标准。而事实上，认缴（登记）注册资本对于判断投标人的实力并没有什么实际意义。另外，由于公司营业执照上不再明确实缴注册资本的金额，为了便于进行评标工作，应要求投标人提供实缴注册资本证明。

（2）应考虑不同的组织类型。《中华人民共和国招标投标法实施条例》规定，不得非法限定投标人的组织类型。除了法人以外，投标人还可能是非法人单位，比如合伙企业、分公司、个人独资企业等。对于这些非法人单位而言，并不存在注册资本或实缴注册资本的概念，为了能够顺利进行比较，确保公平，应针对这些不同组织类型的企业提出类似性质的专门要求。

（3）应考虑注册资本计价币种。目前国内大部分企业以人民币作为注册资本的计价货币，但外商投资企业则是以美元（或其他允许币种）为注册资本计价货币的，因此在设定投标人注册资本条件时应考虑到外商投资企业这一类特殊企业的情况，针对性的确定外币注册资本金额或者明确将外币注册资本折算成人民币的汇率标准。

（二）资质设定前调研工作

1. 市场调研

（1）根据市场调研结果总结，提炼出最佳的资质设置条件。具体来看，市场调研对资质条件设置的重要性表现在以下五个方面：

1）提供作为决策基础的信息。

2）弥补信息不足的缺陷。

3）了解外部信息。

4）了解市场环境变化。

5）了解新的供货厂商设备质量、技术等各要素。

（2）项目建设单位通过直邮或传真向潜在的设备供应商进行调研。对于主机等重要设备的采购，在设置资质前可请设计单位编制商务和技术交流大纲，分别书面发给设备供应商，由设备供应商针对交流大纲进行书面答复，尤其是设备厂商的主要供货业绩、进口设备的代理协议、一些主要参数设置是否合理、公司的主要情况（包括装备制造能力、科研开发能力、盈利情况）、近期新技术、新工艺、新材料应用情况等，必要时要求设备制造商分别到现场开展交流。

2. 同类已采购项目分析

项目建设单位也可以根据近期国家电网公司、兄弟单位等同类项目的招标情况、设备供应商的中标情况及制造能力，分析类似招标项目投标人资格要求、通用资格和专用资质业绩要求、招标结果，从而合理的设置项目建设单位主要机电设备的资质要求，尤其是是否接受代理或者外协代购产品投标，以及业绩的要求。

（三）国网新源公司集中采购策略库（试行）使用相关说明

（1）项目建设单位申报批次采购计划时，根据项目类型优先选用国网新源公司发布的采购专用资格策略，原则上不允许修改；如采购项目有特殊需求的，应在采购计划申报时提出修改理由（包括佐证材料），并提出合理的修改建议。

（2）采购策略中标注颜色部分，项目建设单位应根据实际采购项目的规模、特点等进行修改。

（3）采购策略库未涵盖的采购项目，项目建设单位参照采购策略库编写适用于采购项目的采购策略，随批次采购计划一并申报。

四、招标文件澄清补遗

招标文件的澄清，是指招标人对招标文件中的遗漏、词义表述不清或对比较复杂事项进行的补充说明和回答投标人提出的问题。招标文件的补遗也称为招标文件的修改，是指招标人对招标文件中出现的遗漏、差错、表述不清等问题认为必须进行的修订。澄清和补遗是招标人主动做出的对招标文件内容易产生理解偏差的部分做澄清和遗漏的问题的补充说明。

（一）澄清和补遗的流程和注意事项

1. 提出澄清要求

潜在投标人对招标文件存在疑问或发现不合理的规定时，应在招标文件规定的澄清时间前，采用书面形式向招标人提出澄清要求。

2. 招标文件的澄清和修改

在规定的时间之前收到的澄清要求，招标人应统一予以答复。招标文件澄清和修改的内容，有些可能影响投标文件的编制，如计划工期、关键技术指标、工程量清单等修改，其澄清或修改应当在投标截止时间 15 日前发出，否则应顺延投标截止时间；有些不会影响投标文件的编制，则不受上述时间的限制，如开标时间、地点等修改。

3. 招标文件澄清和修改注意事项

（1）澄清和修改应说明潜在投标人提出的具体问题，以及招标人对问题的答复，但不能指明提出问题的潜在投标人名称。

（2）澄清和修改的内容不应限制和影响已经获取招标文件的潜在投标人依法参加投标竞争。如果澄清修改内容影响潜在投标人投标资格的，如资质条件、业绩要求等变化，应当重新修改和发布招标公告。

（3）澄清不能改变招标文件实质性内容。

（4）澄清或者修改的内容应为招标文件的组成部分。

（5）澄清和修改内容应当以书面形式，在规定时间之前发给所有获取招标文件的潜在投标人，接收人应予以确认。

（二）管理手册中关于招标文件澄清或修改的相关规定

（1）对已发出的招标文件可以进行必要的澄清或者修改。澄清或者修改的内容应当符合法律法规规定，包括招标人自行澄清、修改，以及针对投标人提出的疑问和异议进行澄清、修改。疑问主要指招标文件中存在的遗漏、错误、含义不清等问题。异议主要指招标文件中可能存在限制或者排斥投标人或对投标人实行歧视待遇的问题。

1）澄清或者修改的内容可能影响投标文件编制的，应当在投标截止时间至少 15 日前，以书面形式通知所有获取招标文件的潜在投标人；不足15日的，应当顺延提交投标文件的截止时间。

对投标文件编制可能产生影响的澄清或者修改，包括对采购工程、货物或服务所需的技术规格，质量要求，竣工、交货或提供服务的时间，投标担保的形式和金额要求，以及需要执行的附带服务的内容改变等，给投标人带来大量额外工作的澄清或者修改。

对投标文件编制不产生影响的澄清或者修改，包括减少资格业绩审查资料、信息或者数据，调整暂估价的金额，增加暂估价项目，开标地点由相同地址的一个会议室更换至另一会议室等，可在投标截止日之前的合理时间发出。

2）潜在投标人对招标文件提出的澄清问题，由招标代理机构负责收集分类；技术问题发项目建设单位组织答复并履行四级审核，商务问题由招标代理机构组织答复并履行四级审核；招标代理机构收集澄清答复，初步审核澄清答复是否符合相关规定，汇总形成澄清文件发物资部。

3）对澄清或者修改的内容发布之前，由相关单位和部门履行“招标文件澄清（修改）审批单”，履行相应的审批程序。澄清或者修改项目管理部门审查的招标文件内容，由项目建设单位、项目管理部门和法律部门审核确认；澄清或者修改招标文件其他内容，由项目建设单位、物资部和法律部门审核确认。

4）招标代理机构在电子商务平台按照规定流程发布招标文件澄清或者修改，发布的时间和方式须符合国家有关法律法规的规定，同时督促各潜在投标人在电子商务平台确认收悉。

（2）潜在投标人或者其他利害关系人对招标文件有异议，且在投标截止时间10日前提出的，物资部组织相关项目管理部门、招标代理机构进行答复，并在收到异议之日起3日内作出；作出答复前，暂停招标投标活动。

（三）招标文件中关于澄清或修改的相关要求

对招标文件所作的澄清、修改，构成招标文件的组成部分。

1. 招标文件的澄清

（1）投标人应仔细阅读和检查招标文件的全部内容。如发现缺页或附件不全，应及时向招标人提出，以便补齐。如有疑问，通过本人合法数字证书以书面形式（数据电文）通知招标人，要求招标人予以澄清。招标人仅接受投标人上传至招标人招投标交易平台信息系统相应位置的澄清函。

（2）招标文件的澄清将在招标公告规定的投标截止时间15天前在招标人招投标交易平台信息系统以书面形式（数据电文）发给所有购买招标文件的投标人，但不指明澄清问题的来源。如果澄清发出的时间距投标截止时间不足15天且实质影响投标人编制投标文件的，相应延长投标截止时间。

（3）投标人在收到澄清后，应在投标人须知前附表规定的时间内登录招标人招投标交易平台信息系统通过本人合法数字证书以电子形式（数据电文）通知招标人，确认已经收到该澄清。

2. 招标文件的修改

（1）招标人可以主动对已发出的招标文件进行必要的澄清、补遗或修改，但对实质影响编制投标文件的澄清或修改应在投标截止时间15日前在招标人招投标交易平台信息系统以书面形式（数据电文）通知所有已购买招标文件的投标人。

（2）投标人收到修改内容后，应在投标人须知前附表规定的时间内登录招标人招投标交易平台信息系统通过本人合法数字证书以电子形式（数据电文）通知招标人，确认已收到该修改。

思考与练习

1. 年度物资需求计划编制与申报流程是什么？
2. 招标文件技术规范书编制有哪些要求？
3. 什么是“三表两图”？
4. 管理手册中采购文件澄清或修改有哪些相关规定？

模块2 机电设备合同管理（Ⅰ级）

模块描述 本模块介绍设备合同项下合同执行管理、生产及交货进度计划管理、外协外购件管理、厂家技术服务、合同变更等内容，通过概念描述、要点讲解，熟知机电设备合同管理的流程和工作内容，具备合同条款解读能力，能够胜任设备合同管理的工作。

正文

一、合同执行管理

设备合同执行管理是机电设备现场安装调试试运行的过程管理工作，起到支撑和保障作用。合同执行者必须一切从满足工程建设需要出发，以合同为依据，努力实现合同目标。在合同执行期间遇到问题和困难，应积极主动协调合同相关方提出解决方案，有效协调和管控，保证合同顺利执行。合同执行管理主要包括合同资料管理、质量管控方式、设备供货商关系管理和履约保证金管理等四个方面的工作。

（一）合同资料管理

合同资料包括设备供货商提交的技术文件、设备供货商厂内设备试验检查计划（Inspection Test Plan，ITP）和驻厂监造三方协议、工厂生产制造计划、工厂生产制造月报、设备出厂试验报告、设备工厂和现场缺陷处理报告等技术资料；项目建设单位与设备供货商、设计单位、监造单位之间的往来文函；设备供货商编制的竣工资料和经设计单位确认下发至安装调试现场的技术资料。

1. 技术资料

（1）资料分类。

1）设备供货商提交的技术文件。合同规定设备供货商应按期提供的技术图纸和资料需包括原理图、结构图、布置图等图纸、各类计算书（不含市场通用产品）和报告、产品说明书。技术文件是合同双方技术沟通和确认的重要方式，也是设备供货商安排生产制造、设备供货商和监造工程质量进度管控、设备验收的重要依据。要避免由于技术文件交流确认不及时、不准确给设备制造、交付、现场安装调试及设备运行维护带来的不便。

2）工厂生产制造计划。工厂生产制造计划旨在项目建设单位了解和掌控设备设计方案和技术确定、原材料和外购外协件采购进度、工厂制造、加工、组装、检验、试验、包装、发货、到货的计划安排，以便于派遣出厂监造和确定出厂验收，协调和衔接现场仓储、检验、安装、调试施工进度。该进度计划应在合同生效后要求设备供货商限期提供审查。工厂生产制造计划至少应包括技术图纸确认时间、主要原材料和关键外购件采购完成时间、出厂试验时间、交货时间。

3）设备供货商厂内设备试验检查计划（ITP）和驻厂监造三方协议。设备供货商厂内设备试验检查计划（ITP）是设备供货商对合同设备拟开展的自检检验项目。项目建设单位应要求设备供货商及时提交审查。ITP 应包括试验项目、检验执行标准、检验方法和时间进度。

驻厂监造三方协议是项目建设单位与监造单位和设备供货商共同签订的，旨在实施质量监督和制造管理工作的协议书，是驻厂监造工程师开展工厂监造工作的依据。

设备供货商厂内设备试验检查计划（ITP）和驻厂监造三方协议一般在合同生效，并设计方案确认后确定。

4）工厂生产制造月报。工厂生产制造月报应包括所有设计、采购、制造和交付工作及其排定的完成日期，应指出完成工作的百分比和完成工作所要求的天数，并应如实反映工作进展状况。月报中还应专门对此前提交图纸资料的最新提交进度和版本进行说明。月报应附有双方约定格式和规格的生产过程照片和影像。如发生重大事件，应及时单独报送项目建设单位。

对生产阶段的照片和影像应提出以下要求：拍摄全部设备制造的重要环节或加工、组装的重要阶段的照片和录像，且应提供不少于三个重要的不同位置的景象，反映加工的各重要生产阶段或重要环节的照片和录像。照片和录像的选取应满足 ITP 中设置的见证点见证时拍摄的照片。提供的照片和录像要有工程名称和合同号、表示主题景象及视图方位的标志、设备供货商的名称和地址、拍摄日期、设备供货商名称等标志。

合同生效后 30 天内，项目建设单位应组织设备供货商确定月报格式，并建立月进度报告定期提交机制。

5）设备出厂试验报告。设备出厂试验报告是设备供货商按照合同技术要求在设备出厂前进行的设备技术性能和功能性验证检验试验工作的记录，是现场安装、调试和设备投运后运行维护及设备全寿命周期管理的重要依据。按照三方监造协议的约定，驻厂监造人员对见证点（W 点）项目进行现场试验见证，项目建设单位组织验收组对停工待检点（H 点）项目进行目睹见证试验，并形成见证试验结论意见。

6）设备工厂和现场缺陷处理报告。缺陷主要是指设备经过现场验收（包括到货检验和开箱验收）和安装、调试、试运行过程中发现的不能满足采购合同约定的问题和瑕疵。设备供货商对设备缺陷处置的响应程度和执行效果将作为设备供货商管理和绩效评价的重要内容。

设备缺陷处置资料的管理要求：监理单位、设备供货商应及时收集、整理设备缺陷处置过程中形成的资料，包括缺陷发现记录、缺陷分析论证、缺陷处置方案、缺陷处置验收文件，并报项目建设单位主管部门留存备案。

项目建设单位主管部门应将设备缺陷资料纳入相应设备的台账管理，作为工程验收设备验收和移交生产的重要档案资料。

（2）资料审查。合同规定设备供货商提交的合同管理资料和技术资料需要项目建设单位组织审查确认和回复。资料审查通过来往函件和面对面设计联络两个渠道交流。技术资料的审查应由设计单位先行提出审查意见。项目建设单位、设备供货商、设计单位应明确各自资料接受的对口联系人，避免多头收发资料引起的不便甚至混乱。原则上，设计单位提出的技术审查意见应通过项目建设单位审定后，由项目建设单位按照商定的有效方式收发资料。

为加强设备合同管理过程中技术文件的管理，确保各方信息畅通、及时、准确、有序，满足工程建设要求，设备合同技术资料的审查往往需要来回反复交流才能确定。

设备供货商提交的技术文件包括工厂图纸和现场技术文件两部分。工厂图纸分为“报审图”“参考图”“正式图”和“竣工图”。现场技术文件包括设备安装、调试过程中设备供货商现场技术人员编制的安装调试现场通知单、联系单、设备缺陷处理意见、工厂图纸修改单及对安装调试方案措施和验收结果的意见等。项目建设单位应编制配套的工厂图纸资料审查管理办法，约定图纸资料审批、回复方式和时间要求。

项目建设单位与各方之间通过工作联系单或文件均应通过正式渠道交流，避免通过电话、微信、QQ 等非正规渠道修改合同实质性内容。

根据技术资料审查需要，按照合同约定项目建设单位将组织一次或多次设计联络会议，项目建设单位负责确认满足设计联络条件的基础上，策划联络内容，组织参加单位和人员，明确分工责任，编制会议议程，最终形成会议纪要。

（3）资料使用。审定的设备合同资料将作为设计单位编制施工图的依据，部分资料还将作为现场安装、调试、试运行及运行维护的指导文件。

一般情况下，审定后的设备供货商技术资料经项目建设单位和设计单位协商分两类使用。

1）下列资料由设计单位转化到施工图纸中（包括但不限于）。

a. 涉及设备供货商设备的埋管、埋件、轨道、设备基础、楼板开孔、墙体开孔的相关图纸。

b. 设备继电保护动作结果表。

c. 设备电气联、闭锁表。

2）由设计单位盖章确认的设备供货商图纸，经监理单位审核下发至施工现场（包括但不限于）。

a. 设备供货商设备总装配图及主要部件装配图；计算报告、专题报告等设计文件。

b. 水泵水轮机及其附属设备、发电电动机及其附属设备、发电机电压回路、球阀、SFC、油水气系统、电网电压等级设备、直流系统、厂用电系统、消防、通风空调、启闭机等涉及启停流程的图纸。

c. 钥匙闭锁系统图。

d. 用于安装调试的设备供货商最终版设备图纸、文件（包括设备使用说明书、出厂调试报告）。

2. 竣工资料

设备合同项下的竣工资料是指安装调试完成最终完工后的设备最终图纸及相应文件。设备供货商必须提供给项目建设单位存档的显示工程最终状况，并包含了现场修改和安装变化的最终定型的图纸。在移交前应提交竣工图初稿供项目建设单位组织设计单位、监理单位和施工承包商审核确认。经审核同意后，设备供货商应按项目建设单位归档要求，在图纸上加盖“竣工图”字样的图章、签字，并完成档案组卷后移交项目建设单位档案室。

竣工资料名称、数量、编制要求、格式要求应满足国网新源公司科技档案管理手册的相关规定。

3. 台账管理

建立设备合同台账对及时、有效、全面、准确地掌控合同执行管理过程有十分重要的意义。设备合同台账应涵盖以下信息：

（1）合同基本信息台账（包括合同名称、合同编号、合同当事人、供货范围、合同金额、支付方式、合同生效日、合同有效期或截止日、合同保证期、履约保证金有效期等主要合同要素）。

（2）项目建设单位与设备制造单位、设计单位、监造单位及项目建设单位上报国网新源公司的往来函件和资料。

（3）合同变更审批资料。

（4）合同款支付审批资料。

（5）技术资料提交目录及审查状态台账（含设计联络纪要、验收试验记录和报告）。

（6）制造缺陷处理记录信息。

（7）合同出厂验收、初步验收和最终验收资料。

（二）质量管控方式

机电设备以合同方式委托设备供货商在工厂进行设计、制造、加工、组装和试验，制造的设备质量管理主要依靠设备供货商自身的质量保证体系和监督体系来实现。项目建设单位应对设备供货商厂内质量管理体系的建设和运作情况进行尽可能的了解。通常设备供货商质量体系应通过 ISO 9000 体系认证。其中，工厂技术部门对设计产品的评审制度，零部件材料进场检验制度，车间质量检验初检、中检和终检制度是重点审查和管控内容。同时，还应对其生产制造和检验试验设备、人员能力进行审查。

为跟踪和监控合同设备在工厂制造阶段的质量情况，结合合同设备性质，项目建设单位还应通过派遣驻厂监造、组织出厂目睹试验、设备质量巡检等管控方式，对合同设备的工厂制造情况加以管控。

（三）设备供货商关系管理

设备供货商关系管理在设备合同管理方面包括设备供货商绩效评价、设备供货商不良行为处理等内容，是督促设备供货商认真履行合同义务，达到合同目标的管理手段。

1. 设备供货商绩效评价管理

设备供货商绩效评价是指按国网新源公司资产全寿命周期管理工作要求，对设备供货商的产品质量、施工质量、履约能力与服务水平等情况进行综合评估的活动，评价结果作为招标采购工作的重要参考依据。

（1）国家电网公司集中采购范围的设备供货商评价。国家电网公司集中采购范围的有关设备供货商绩效评价，按照《国家电网公司供应商绩效评价管理细则》执行。

（2）国网新源公司集中采购范围的有关设备供货商评价。国网新源公司集中采购范围的有关设备供货商的绩效评价，由其制定评价标准并组织各单位进行评价。

国网新源公司每年组织两次设备供货商绩效评价（分中期评价和年度评价）。各项目建设单位也建立有设备供货商绩效评价信息收集常态机制，以便于及时掌握设备供货商在合同签订、合同履行、设备安装调试及运行等环节信息，作为评价依据。

项目建设单位应及时收集物资类设备供货商绩效信息，根据项目进度、付款节点、中期评价、年度评价要求，依照评价标准，对物资类设备供货商履约绩效情况进行评价。

设备供货商绩效中期、年度评价时，项目建设单位将设备供货商履约和绩效情况汇总，形成设备供货商绩效评价意见，并报送国网新源建设有限公司。设备供货商绩效评价情况应及时与设备供货商进行沟通，告知其存在的问题，督促和引导设备供货商提高产品质量和履约服务水平。对于设备供货商的重大履约问题同时按国网新源公司设备供货商不良行为有关规定进行处理。

设备供货商绩效评价结果应遵守国网新源公司相关保密规定。

2. 设备供货商不良行为处理管理

设备供货商不良行为是指在国网新源公司物资管理活动中，设备供货商提供的物资在资产全寿命周期内发生的质量问题，以及设备供货商参与资质业绩核实、招标采购活动及合同执行等过程中，在诚信、交货、服务等方面存在的问题。

（1）设备供货商不良行为信息报送。项目建设单位应将设备供货商履约阶段发生的诚信、质量、交货、服务等方面的不良行为信息在 ERP 系统设备供货商不良行为处理管理模块填报设备供货商不良行为信息，经内部审核后报送国网新源公司。

对重大质量、进度问题，严重违约情况等设备供货商特别严重不良行为，应在 48h 内将有关信息反馈给国网新源公司。

国网新源公司收到设备供货商不良行为信息后，将组织有关单位或部门进行核实。

（2）设备供货商不良行为处理。国家电网公司集中采购范围的设备供货商不良行为，由国家电网公司针对设备供货商不良行为的处罚公布结果，向设备供货商发出整改通知，并监督其整改。

国网新源公司集中采购范围的设备供货商不良行为，由国网新源公司核实结果及处理建议，提出对设备供货商不良行为的处理意见，将审批通过的处理结果应用于招标采购活动中，并在电子商务平台上公布。

设备供货商的不良行为处理结果公布后，项目建设单位物资管理部门应反馈给设备供货商，督促其整改。

（四）履约保证金管理

按照合同约定，项目建设单位应及时向设备供货商收取合同约定金额的履约保证金或等额履约保函，以确保以资金质押的方式约束设备供货商履约。履约保证保函应按照招标文件要求的格式、提交时间、有效期办理。项目建设单位财务部门负责保管和验证履约保函的有效性。合同设备通过最终验收且合同质保期结束后应将履约保证金或保函退还给设备供货商。

二、外协外购件管理

（一）原材料和外购件采购管理

原材料和外购件的采购是保证设备整体质量和生产进度的关键环节，对于外购件，其技术性能和参数、使用业绩、出厂检验和型式试验报告应满足合同技术要求，合同约定的品牌应要求设备供货商遵守，进口设备应注意检查报关单和原产地证明等相关资料。若由于客观原因不能提供外购件技术性能和参数、使用业绩、出厂检验和型式试验报告，应说明理由，提出更换方式，经项目建设单位批复后采购。对于原材料，进场检验材质检验单需满足合同技术条件的规定。所有检验也要经驻厂监造人员文件见证，必要时关键部件应目睹工厂检验试验。

（二）外协加工件管理

外协加工件是指主设备供货商将重要部件委托其他设备供货商生产加工的部件。合同管理过程中应对外协加工件的加工和管理能力进行合格性审查，包括外协设备供货商的加工能力、检验能力和制造业绩的审查确认。同时还应审查主设备供货商对外协设备供货商的质量管理手段和检验项目。所有检验可经驻厂监造人员文件见证，必要时关键部件应目睹出厂试验。合同约定的外协加工方式应要求设备供货商遵守，若由于客观原因不能提供，应说明理由，提出更换方式，经项目建设单位批复后实施。

（三）部件和材料替代管理

部件和材料替代指设备供货商希望使用合同规定以外的其他商标或与规定的产品、材料或系统具有同等质量、外观和效用的其他代用产品。设备供货商应该按下面提供的方式，提出代用申请且需经项目建设单位批准，否则，不接受提供任何与图纸和技术规范有偏差的产品。

仅当设备供货商按下述规定提出代用申请时，代用品才被考虑。

（1）提交全部的技术资料，包括图纸，全部的特性曲线，提供试验资料和完成项目建设单位要求的试验，并提交可用的推荐代用产品样品（如果可行）、代用的材料、设备或系统的比较资料。

（2）如果代用申请或建议涉及工程费用，费用总额和费用比较分析要一并提供。如果所建议的代用品被接受，所节省款额应从合同价中扣除；项目建设单位将不支付增加的任何费用。

（3）代用申请，包括申请信件中的财务报告，应有设备供货商合同授权人签字。所有的代用申请，随同要求的资料和证明一起提交给项目建设单位。

代用申请应包括但不少于下述内容。

1）工程名称和合同号。

2）项目（“产品”的单位或分类）。

3）参考的图纸和技术规范：图号和详图，技术规范部分，章、节、条、款。

4）涉及的费用变更。

（4）审批代用关注点。

1）分析某一建议的代用品是否符合技术规范、图纸和工程的设计条件，需考虑推荐代用品的所有元件的性能，检修、运行和维护经验，为此，可以要求尽快提供不少于 3 个在过去 5 年内关于所推荐代用品的易于了解的、类似的使用场合。

2）设备供货商承诺和担保所推荐的代用品或系统的性能令人满意，完全不影响所替代的产品或系统的使用寿命，并能令人满意地运行。

3）设备供货商应承诺由于代用品引起其产品的其他部分的任何变化，或其内部厂商和分包商等的产品及其他承包商的产品的任何变化，应由设备供货商自身负责，且不另增加费用。

4）设备供货商承诺接受，并不解除其履行图纸和技术规范要求的义务。

三、生产及交货进度计划管理

（一）确定合理的生产制造周期

项目建设单位应要求设备供货商在合同签订后要求设备供货商提供其生产制造进度计划，计划应包括工艺设计图完成时间、原材料外购件采购到厂时间、合同规定需要项目建设单位目睹检验的项目实施时间、阶段性制造完成时间、发货出厂时间［适用于出厂交货价（EXW）价格供货］和到工地现场时间［适用于目的地交货价（DDP）价格供货］。

（二）协调确定交货计划

原则上执行合同规定的交货规定。若需调整应在考虑设备供货商正常的制造周期、监理单位批复的机电设备安装开始时间、现场仓储条件、设备运输时间等因素的基础上，适当留有余量，并经双方协商确认，实际交货时间超出确认后的交货计划应视作合同延迟交货。

四、厂家技术服务管理

设备供货商技术服务包括现场技术督导、工厂和现场培训、售后服务、设备缺陷处理等工作，是设备安装、调试、运行、维护的技术支撑，为构成设备合同不可分割的一部分。

（一）现场技术督导

项目建设单位应在合同规定的基础上经双方协商约定，制定并执行相应的设备供货商现场服务人员管理办法。

管理办法应涉及现场服务人员申请管理、进场管理、退场管理、现场的技术服务内容工作方式，以及对现场安装、调试技术服务人员的考核评价。管理环节中以下要点需要重点关注。

（1）派驻工地现场服务人员的资质和工作业绩应审查确认以满足合同技术服务的管理要求。例如，主机设备合同的技术服务总代表一般要求参加过一个抽水蓄能电站或两个 300MW 常规水电站现场安装、调试技术服务以上。

（2）项目建设单位设备合同管理人负责向设备供货商传达现场服务人员工作申请，负责审查设备供货商提供派遣人员资质，并向监理单位反馈有关拟派遣人员的信息（姓名、性别、国籍、民族、出生年月日、工作经历、隶属工作单位及其他必需的信息）、联系方式（电话、邮件）、身份证复印件、进场时间、现场授权负责的工作内容。

（3）现场服务人员进场后应参加施工承包商组织的入场安全教育。现场服务人员离开工作现场须征得施工承包商和监理工程师的同意，并到项目建设单位设备合同管理专工处进行登记。项目建设单位设备合同管理人应建立设备供货商现场服务人员管理台账对服务人员的基本信息、进场时间、退场时间、工作日志、服务质量进行动态管理。

（4）设备供货商现场服务人员在工作现场的责任和义务应包括：

1）详细解释技术文件、图纸、操作手册、设备性能、分析方法和有关注意事项，并回答项目建设单位、监理单位和安装及调试承包商提出的问题。

2）完整和正确的技术督导、指示和合同范围内需要的演示。

3）保证其技术人员的技术督导和指导的正确性。如果技术指导的错误导致设备的损坏，应自费负责修理和更换；应对设备安装、调试的正确性负责。施工承包商的安装方案、工序检查、安装结果和单元工程、分部工程及单位工程进行验收签字确认。对调试施工承包商的调试方案、调试操作步骤、调试报告进行签字确认。若因现场督导人员事先未对安装、调试施工承包商提交的上述材料签字确定造成的设备损失或故障，由设备供货商负责修理和更换，其费用由其承担，费用还包括进行修补期间所发生的安装服务费。

4）指导项目建设单位关于设备的起吊、现场搬运和存放程序。

5）对所供应设备存在质量缺陷的及时确认并处理。

6）技术服务人员应做好详尽的工作日志（包括工作进度、主要事项、发生的问题及处理方法）记录在册，并由监理单位和项目建设单位工地代表签字。

7）技术服务人员在项目现场应遵守工地的上下班时间和其他相关制度、规定。

（5）应按照现场有关规章制度对现场安装、调试督导服务的质量、进度、安全和服务等各方面完成情况和日常管理情况进行考核，考核内容如下。

1）由于技术服务人员现场安装、调试督导或自身原因未能及时组织验收、评定工作而影响工程进展。

2）因现场安装、调试督导原因发生的质量事故。

3）未按合同约定履行质量管理责任和义务。

4）现场安装、调试督导人员接受贿赂、参与作假造成质量事故。

5）违犯现场安全管理规定，对应由现场安装、调试督导核签的重大项目、重要工序、危险作业和特殊作业涉及的安全健康措施或专项施工方案未审批或把关不严。

（二）工厂和现场培训

工厂培训是设备合同中约定的项目建设单位派遣技术人员到工厂接受技术培训，以便掌握设备的组装、安装、修理、运行和维护的技能。设备供货商负责指派熟练、称职的技术人员进行指导和培训，并解释本合同范围内的所有技术问题。工厂和现场培训管理环节中以下要点需要重点关注。

（1）应审核确认设备供货商提供了详细的现场培训计划，培训计划至少应包括培训内容、时间安排、培训人员专业、全套培训资料（纸质和电子版）及培训所需设备。

（2）应要求设备供货商选派具有相当的技术水平和实际经验、沟通能力、表达能力较强的督导人员培训项目建设单位人员。

（3）培训开始前，应要求设备供货商详细阐明与工作有关的规则和其他注意事项。培训结束时，设备供货商应对参培人员进行考核或评价，并为设备供货商提供有效完成培训的证明文件，以确认培训结束。

（三）售后服务

要掌握国家有关消费者保护法规和设备供货商售后服务承诺，按照项目建设单位的需要通知设备供货商按时提供售后服务。售后服务质量应作为质保期工作内容进行考核评价。若设备供货商拒绝、降低服务标准或拖延服务，项目建设单位有权按照合同规定要求视作其违约。

（四）设备缺陷处理

设备缺陷处理是指设备交付现场在安装、调试和保质期间，发现合同设备缺陷和/或由于设备供货商的责任引起的损坏，或在安装、调试和特性验收试验期间由于设备供货商技术文件或技术人员的指导有误而造成的合同货物的损坏。项目建设单位应立即要求设备供货商分析缺陷原因，提出消除或纠正方案，组织设计单位、监理单位和施工承包商论证批复后，组织消缺整改工作。消缺方案不应降低设备所需的技术性能和功能，也不应缩短设备使用寿命和增加设备运行维护工作量。同时，项目建设单位有权向对方提出索赔要求，并收集整理索赔相关的支持性资料。

对于设备供货商拟委托施工承包商配合消缺的现场作业，还应要求设备供货商提交现场消缺作业方案报监理单位和项目建设单位审批后方可实施。

1. 参加设备缺陷处理各方的职责划分

（1）设备供货商处置设备缺陷的职责应包括：

1）负责设备现场验收过程中发现的设备外观损伤、瑕疵的处置。

2）负责现场验收过程中发现短缺的零部件的补齐，以及不合格零部件的更换。

3）负责现场安装、调试、试运行、质保期缺陷设备的修复和更换。

4）若属设备本身设计制造等原因引起的缺陷，以及现场技术指导缺失或误差引起的缺陷和损伤，由设备供货商及时处置解决，并承担相应责任。

（2）施工承包商处置设备缺陷的职责应包括：

1）负责和承担设备现场装卸、倒运、现场保管、安装、调试和试运行中，由于自身的原因，造成设备的损伤和缺陷的责任。

2）负责和承担设备缺陷处置（包括返厂修复、现场修复和更换）的工作和责任，并承担相应的赔偿责任。

3）负责提供损坏设备、设备缺陷和损伤原因的分析报告和损坏设备的更换。

（3）监理单位处置设备缺陷的职责应包括：

1）现场组织、监督、验收设备缺陷的管理单位。

2）负责和参与对设备缺陷进行检查、核实、确认和分类。

3）负责组织设备缺陷处置后的验收评价工作，提出处置意见。

（4）项目建设单位设备管理部门处置设备缺陷的职责应包括：

1）组织设备缺陷的检查、核对、确认、登记、备案。

2）负责联系、督促监理单位对设备供货商所供设备缺陷处置工作的落实和进展情况，进行催办、跟踪，参与设备缺陷处置后的最终验收等管理工作。

3）建立设备供货商对设备缺陷处置情况和信息、设备缺陷处置的处理方案的管理台账。

2. 缺陷处置原则

（1）对于设备供货商设计、加工、生产中存在的严重质量问题或不能满足设备采购合同技术要求的主体设备及附属设备，设备供货商应立即退货更换。

（2）对于关键、精密、加工质量要求严格的设备或部件，设备供货商必须组织返厂彻底处置。

（3）对于大型、加工周期长、可以互换的设备或部件，经项目建设单位同意后，设备供货商可先用已到货的本工程其他同类设备替代互换。

（4）对于可以在工地现场解体处理的设备或部件，设备供货商经监理单位和项目建设单位批准，可选择以下方式处置：

1）选派本公司的专业维修人员来现场维修处置。

2）就近委托工地附近有资质和加工能力的单位协调解决。

3）委托现场有资质和能力的单位在工地现场处理消缺。

4）由于设备供货商加工误差、焊接工艺、包装运输造成的外形、表面缺陷，在不影响设备正常使用功能或性能指标的前提下，设备供货商应尽力想办法恢复设备原貌。

5）对于设备供货商错发、少发、单货不符及运输损坏的设备或配件，设备供货商应限期补全和更换。

6）由于设备供货商的责任，在工地现场造成设备的损坏或缺陷，由施工承包商负责按照图纸要求和技术规范修复或更换。

3. 工作流程

（1）设备供货商将合同设备运送到工程现场后，监理单位组织对设备的验收，若在验收过程中发现了设备缺陷，应拍照备查，监理单位在设备到货接收记录单、设备开箱验收记录单中登记缺陷情况，经总监理工程师评审后，提交项目建设单位相关专业技术人员进行评审，经项目建设单位审核批准后按处置意见处置。

（2）设备供货商代表到达工地现场后，应对不合格品处置情况进行复检和确认；若有异议时，应以书面形式向监理单位和项目建设单位主管部门提出说明和意见。

（3）监理单位接到设备供货商代表的书面意见后，应尽快组织项目建设单位主管部门、设计单位代表、施工承包商和设备供货商代表，共同对有异议的不合格品处置情况重新进行复审、复议，并经总监理工程师审核，报项目建设单位批准后按最终意见处置。

（4）设备供货商应在不影响工程施工进度和安装调试的前提下，按轻重缓急制订设备缺陷处置的工作计划，报项目建设单位主管部门和监理单位备案，并组织实施和落实。

（5）施工承包商对自身原因造成的设备缺陷，除尽快组织处置、更换外，也应做好设备缺陷处置跟踪记录留存备案。

（6）设备供货商、施工承包商将设备缺陷处置完成自检合格后，应向项目建设单位提出设备复检申请，并准备好设备复检的相关文件和资料。

（7）项目建设单位主管部门会同监理单位组织设备缺陷处置后的复检工作。复检验收合格后，参加复检人员应签字确认。

（8）设备供货商所供设备在安装、调试、试运行、质保期过程中发现的内在质量缺陷，按照以上程序落实办理。

4. 其他

（1）设备供货商设备缺陷处置所发生的费用，按照设备采购合同的约定执行。

（2）由于缺陷处置需将设备运离工地现场时，设备供货商代表应以书面形式向监理单位和项目建设单位主管部门提出设备离场申请，说明离场设备的名称、规格、箱号、原因和计划返还工地的时间，经项目建设单位批准后，到项目建设单位物资部门办理出库返厂手续。

（3）对于准备替代互换的设备，设备供货商代表应以书面形式向监理单位和项目建设单位主管部门提出互换设备的名称、规格、箱号和返修、补充返场的时间（原则上不得影响后期设备的安装调试工作），经项目建设单位批准后，到项目建设单位主管部门办理替代设备的出库手续。

（4）对于计划在工程现场处置的设备，设备供货商代表必须在维修工作人员进场前，提出设备缺陷现场处置人员进场申请（将选派或委托单位的资质、业绩、人员配置、进场时间、工期安排、携带的工具、量具及物品等），报送监理单位和项目建设单位主管部门审核、备案，并报项目建设单位批准。

（5）设备供货商代表是设备供货商在工程现场设备缺陷处置人员和工作的管理责任人。设备供货商代表除负责现场缺陷处置工作的进度管理和安全、劳动卫生保健管理外，还应负责与项目建设单位、监理单位、各相关承包商之间的联系、沟通、交流和协调。

所有外来从事设备缺陷现场处置的人员，必须参加项目建设单位安全质量监察部的入场教育和安全培训并考试合格后，方可进入工程施工现场。

所有外来参加设备缺陷现场处置的人员，必须严格遵守工程现场的规章制度和安全、文明工作规定，不得干涉或影响工地现场关键标段的正常工作。

五、合同变更管理

设备合同的变更主要体现为采购项目调整、采购技术要求的调整和合同价格调整。合同变更涉及的技术要求的变化、商务条件的变化和价格确认应遵照国网新源公司颁发的合同变更管理手册办理审批手续后签订补充协议。

（一）采购项目调整

采购项目的调整是指增减采购项下的数量和/或增加新的采购项目，但合同变更的内容应与原采购范围相关，且采购项目调整引起的价格变化不得超过原合同总价的15%。

（二）技术要求调整

工程建设引起采购设备技术要求的调整应符合国家有关规程规范的规定，特别是须满足强制性条文的规定。技术要求的调整应组织设计单位论证，并征得技术主管部门批准，未经批准不应擅自改变。

（三）价格调整

机电设备合同价格一般规定是固定价，价格调整适用于合同采购范围和服务内容发生实质性变化或合同允许的由于国家政策变化引起的成本变化。合同价格的调整只有在补充协议签订生效后方能实行。

思考与练习

1. 如何开展设备合同项下的技术资料管理工作？
2. 设备现场缺陷处置原则有哪些？
3. 项目建设单位对合同设备工厂制造质量管控有哪几种方式？
4. 引起合同变更的原因有哪几类？

模块3　机电设备质量管理（Ⅰ级）

模块描述　本模块介绍机电设备监造、缺陷处理、技术监督、设备供货商质量管理体系监管等内容，通过要点讲解和条文解释，掌握机电设备质量管理的要点、方法，能够组织协调设备质量管理工作。

正 文

一、设备监造管理

（一）监造服务目标

监造服务目标包括设备制造质量、进度目标。

1. 制造质量目标

依据合同文件、技术协议、设计图纸、工艺规范等文件和国家、行业相关法规标准，通过监造工程师的文件见证、现场见证和设备出厂前的检验验收等过程监督措施，实现对监造设备制造质量的有效监控，最大限度地减少和消除监造设备的制造缺陷。

2. 制造进度目标

依据项目建设单位和设备制造单位的采购合同、批准的制造进度等文件，监造工程师对监造设备在制造过程中的进度实施监督，确保监造设备的交货进度满足合同规定和项目建设单位要求。

（二）监造质量保证体系

监造方按照 ISO 9001 质量管理体系的要求，建立相应的监造组织机构、监造质量管理体系及监造工作制度，并严格按照该体系来贯彻质量方针、实现质量目标、履行质量职责、开展质量活动。

1. 监造质量保证体系基本内容

（1）质量方针。满足合同和规程规范要求。

（2）质量目标。按照监造合同的规定和要求，以项目建设单位和设备制造承包商签订的采购合同为依据，及时开展设备监造工作，使监造设备的制造质量和交货进度满足合同规定。

（3）组建完备的监造组织机构。总监造工程师根据设备的专业需要，及时选派合格的技术人员对监造服务范围内的设备进行监造。制订各岗位和人员的职责和工作要求，明确信息流程、文件审批、质量控制、文件资料的记录与提交等程序。

（4）监造质量保证体系的贯彻和实施。根据监造合同的要求和/或工作的需要，及时开展质量见证工作，质量见证主要包括文件见证、首件见证、现场见证、停工待检见证等。

（5）监造工程师将对产品技术准备、结构设计、工艺方案、原材料的采购、生产技术准备、过程管理、检验和试验、技术资料交付、包装、出厂发运等各个环节检查，实行全过程质量管理。

（6）监造工程师按时提交监造报告给总监造工程师，将监造工作中发现的有关质量问题和进度问题及时报告给总监造工程师和项目建设单位，按规定程序处理相关缺陷。

（7）监造公司定期对监造工作和监造记录、报告进行分析和测评，并与项目建设单位进行沟通，不断改进和提高监造工作质量。

2. 监造工作制度

（1）技术文件审查制度。根据采购合同规定由制造承包商提交的工艺方案、进度计划等文件，应通过监造工程师的审查后实施。

（2）原材料、外购外协件的检验审查制度。原材料、外购外协件均应有出厂合格证、检验报告或技术说明书，制造承包商自检合格后报监造工程师审查确认。

（3）设备零部件加工质量检验审核制度。制造承包商质检部门应在零部件加工完成后进行自检，合格后报监造工程师确认。

（4）设备制造完工验收。在制造承包商提交验收申请后，监造工程师应对其是否具备验收条件进行审核，并根据有关验收规程和采购合同约定，协助项目建设单位组织设备出厂验收。

（5）设备制造付款签证制度。监造设备付款申请应由监造工程师审核、确认。

（6）工作报告制度。及时向项目建设单位提交监造月报、年报、专题报告，并在监造工作完成后提交监造工作总结。

（7）设备出厂签证制度。设备发运出厂前须经监造工程师签证确认，保证设备包装、数量及随机资料的完整性、正确性。

3. 监造准备阶段

监造人员在评价、分析设备采购合同和设备制造单位质量和生产计划管理的基础上，编制项目监造实施细则。根据监造项目需要，合理配置监造资源，做好项目文件准备和监造工程师培训等。监造文件准备包括管理程序、技术程序、法规和标准、相关经验反馈材料等。通过监造工程师培训，监造工程师掌握监造设备有关的标准、合同文件、图纸和相关技术条件，掌握设备装配、焊接、检测、试验等主要工艺流程，熟悉制造单位的质量控制体系、运营机制及相应的程序等。

4. 监造启动

项目建设单位组织监造单位、设备制造单位签订监造三方协议，在此基础上由项目建设单位发出开始履行监造服务的通知，并组织三方参加监造工作启动会，委托监造单位开始设备监造工作，明确项目建设单位、监造单位、设备制造单位等相关各方的责任、权利、义务、流程及工作方法，要求制造承包商按采购合同和监造三方协议规定，积极配合监造方做好设备监造工作。

将以下15个内容分别列入权利和服务事项内。

监造单位的权利如下（包括但不限于）。

（1）设备的发货必须经监造单位有关人员的签字确认后方可发货。

（2）必要时向设备制造单位下达停工令。

设备制造单位为监造单位提供的服务事项如下（包括但不限于）。

（1）保证监造人员顺利地进入制造承包商的生产车间开展监造工作。

（2）制造承包商向监造人员提供安全的工作条件及设备制造场地的安全信息。

（3）制造承包商在制造现场准备一套经项目建设单位批准的生产制造图纸供项目部人员查阅。

（4）制造承包商在进行检验和试验之前应及时通知监造单位。

（5）制造承包商应提供设备分包清单和分包商资质证明。

（6）制造承包商应提供质量控制计划。

（7）制造承包商向项目部提供制造文件，如检验和试验计划、原材料证书、无损探伤试验报告、焊接手册、焊工资格证书等。

（8）制造承包商向项目部提供设计、制造、工厂试验和设备交货的进度表。

（9）制造承包商按时提供检验和试验通知书。

（10）制造承包商的质保体系。

（11）制造承包商对不符合项的处理程序。

（12）制造承包商对项目部提出的问题进行解释和说明。

（13）制造承包商向项目部提供完工报告格式及各种检验、试验报告格式。

5. 监造实施

在具体监造过程中，监造方将根据设备设计、材料采购、制造进展情况，及时安排监造工程师开展现场监造工作。监造工程师严格审核材质证书、分包资质等文件，开展现场见证工作，监督设备制造工艺执行情况，及时参与设备装配、无损检测、加工尺寸检查、设备厂内预装、工程试验、出厂验收、包装运输及设备缺陷返厂处理等的过程检查和现场见证，做好监造资料的收集、编制、归档工作。

6. 监造总结

在提交监造工作总结报告后，监造项目部对驻厂监造工程师的监造日志、见证文件、过程文件等各类监造资料（包括电子文档）进行分类、整理、标识、归档，并移交项目建设单位。

（三）监造工作内容

1. 设备设计监造

（1）参加设计联络会。

（2）参加项目建设单位和制造承包商组织对设备设计过程中的重大技术方案论证、专题研讨。

2. 设备制造准备过程监造

（1）审核生产制造计划、检验和试验计划。

（2）熟悉设备制造技术规范、焊接手册（焊接工艺说明书、焊接工艺评定、焊工资格认证等）、装配流程、加工工艺等文件。

（3）对工厂的机加工能力进行审查，以便及时通知项目建设单位可能造成的延误（如机加工设备故障）。

（4）查阅制造承包商提供的资料与现场考察等方法，审查制造承包商质量保证体系情况。

3. 材料和外协件采购监造

（1）对制造承包商材料和外协件采购进行监督，确认其满足合同质量、供货进度要求。

（2）对材料设备供货商的资质进行审核，对材料的出厂资料和证书进行审核，检查制造承包商用于本合同设备的材料是否有合格证，是否满足采购合同要求。

（3）见证主要材料试验，检查材料的机械性能试验、化学成分分析和无损探伤的结果，审核材料的试验报告。

（4）对外协件生产设备供货商的资质进行审核，对外协件的出厂资料和证书进行审核，检查制造承包商选用的外协件是否有合格证，是否满足合同要求。

（5）发现制造承包商使用有缺陷的材料和/或外协件后，要求其更换，直至达到合同要求。

4. 设备制造过程监造

（1）定期监督检查制造和试验工序。

（2）按照采购合同文件的要求严格监督生产制造进度，审核制造承包商的年度、月度制造进度计划，核实计划落实情况。

（3）依据设备制造工艺，对主要零部件的加工、检验、试验、包装及厂内组装（如果有）进行旁站监造，其他零部件进行不定期的检查和现场加工见证。

（4）对于加工质量没有达到合同要求的产品，督促制造承包商进行返工；对正在加工过程中发现存在质量问题时，责令停工，要求制造承包商提出处理方案。

（5）审核设备制造过程检查记录、技术资料，包括加工件与技术规范、图纸、标准的相符性，材料与本技术规范规定的标准的相符性，定期对设计和制造情况进行检查。

（6）参加监造合同范围内与设备制造有关的协调会，审核设备制造进度、交货计划，检查包装及装箱清单，审核设备进度款支付证明。

（7）监造工程师根据制造承包商的检验、试验计划及技术规范，监督检验和试验工作，确认检验及试验结果。

（8）检验和试验结果不符合质量要求时，监造单位通知制造承包商进行修理或重新制造；对当场无法处理的质量问题，项目部书面通知制造承包商，避免进入下序或出厂。

（9）如发现重大质量隐患，或者发生重大质量事故，应立即书面通知制造承包商，要求其停止生产，且及时报告项目建设单位。

二、设备验收管理

（一）见证点验收

见证点主要包括文件见证点、现场见证点和停工待检点。

（1）文件见证点。文件见证点是监造工程师查阅制造单位提供的有关合同设备原材料、元器件、外购外协件及制造过程中的检验、试验记录等资料，对符合要求的资料予以确认。

（2）现场见证点。现场见证点是监造工程师对设备制造过程的检验、试验进行现场监督检查，对符合要求的结果予以签认。

（3）停工待检点。停工待检点是指设备制造过程中重要工序节点、关键的检验试验点或不可重复检验试验点，停工待检项目必须有项目单位代表和（或）监造工程师现场检查签认后方可转入下道工序。

（二）出厂验收

机电设备出厂验收包括验收项目和验收流程要求。

1. 术语和定义

（1）监造单位。受项目建设单位委托，根据供货合同，按照国家有关法规、规章、技术标准，对设备制造过程的质量实施监督的单位。

（2）制造单位。与建设单位签订供货合同，并负责提出设备出厂验收申请；落实出厂验收的具体工作；负责处理设备出厂验收遗留项的单位。

（3）出厂验收。指制造单位完成合同设备或重要零部件的制造、检验、试验活动后，产品出厂前，由项目建设单位组织的验收组在设备制造单位进行的为验证设备、文件是否满足合同技术要求的活动。

（4）出厂验收大纲。指为规范出厂验收活动，明确验收内容，便于出厂验收活动的有效进行而编制的工作文件。

2. 职责

（1）出厂验收组由项目建设单位组织成立。验收组由项目建设单位、监造单位（如有）、设计单位、监理单位、安装单位等相关单位人员组成，必要时国网新源公司本部派人参加。

（2）出厂验收组负责编制出厂验收大纲；负责对交付的技术文件资料与采购规范、技术要求、设计要求、标准规范的符合性等内容组织审查；负责跟踪、验证遗留项的处理。

（3）出厂验收组负责对合同产品的制造质量进行全面检查；检查重要部件的原材料的材质检验记录和元器件的检验记录；检查重要部件的加工、焊接和热处理工艺及质量保证措施，并检查有关资料；参与产品主要部件的试验与装配，并对试验结果进行签证；检查产品的设计修改和质量问题的处理情况；检查产品包装发运准备情况。

3. 验收程序及实施

（1）出厂验收条件。制造单位应已完成设备的所有加工、制造、检查及试验等工作，且质量记录完整；所有不符合项已按质量保证程序及有关规程处理完毕；出厂文件资料整理齐备。

（2）出厂验收依据。出厂验收依据主要包括（但不限于）下列内容：设备采购合同及变更协议（如有）技术规范书、技术条件、施工图纸；相关标准、规程规范；出厂验收大纲。

项目建设单位依据合同及设计文件要求编制出厂验收大纲；出厂验收大纲应在设备出厂验收前一个半月内编制完成，并批准发布。特殊情况下，应最晚在设备出厂验收前 1 个月批准发布；验收依据相同的分批出厂的批量设备，原则上可以只编制一份出厂验收大纲；验收依据不同的设备，设备出厂验收大纲应独立编制。

（3）出厂验收大纲的内容。在设备出厂验收大纲中，需对验收范围、验收内容、验收的程序及验收的方式等予以明确。编制单位应根据各设备的特性，有针对性的编制验收内容，包括（但不限于）以下内容：前言（合同内容简述）；验收的依据及主要技术规范；出厂验收范围（明细）；出厂验收项目；出厂验收程序及安排；设备制造质量情况及主要性能指标；设备制造过程中出现的质量缺陷及处理情况。

4. 出厂验收内容

（1）设备实体验收。设备实体验收主要包括（但不限于）：设备供货范围（提供验收的批次、设备清单、备件/工具清单、如需要应提供装箱单）；设备本体的检查（包括外观、清洁度、重要尺寸、接口尺寸、标记等）；设备附件的检查（包括不随设备一起包装的零部件、备品备件、专用工具、见证件等）；设备功能、性能试验（包括动作、密封、电气设备功能、性能等）的验证或见证（如有）；设备隐蔽部位的检查（如需要）；软件的检查（程控设备需提供程序软件）（如有）。

（2）技术文件资料验收。技术文件资料验收主要包括（但不限于）：产品合格证书；质量证明文件；检验、试验报告及记录；外形及接口尺寸检查记录；符合项报告（如有）；设备图纸；安装图；安装、运行维护手册；包装储存运输技术条件；设计变更单（如有）等。

（3）出厂验收流程。制造单位提出验收申请，包括验收范围、时间计划、验收方案、已具备的条件等；项目建设单位组织成立验收组，前往制造单位开展验收工作；举行验收会议，由制造单位汇报设备制造质量；验收组查阅设备制造过程中的质量检查资料；验收组进行设备实体检查，见证出厂试验；检查完毕，形成出厂验收结论意见，并签署纪要。

（三）开箱验收

（1）机电安装承包商根据工程机电安装进度计划，提前 1 个月提交需开箱验收设备计划。

（2）监理单位根据机电安装开箱验收计划，审查是否合适。在确认需开箱验收前，提前一周通知项目建设单位、安装承包商、设备制造单位对到达现场设备进行检查（核实设备名称、数量及外包装情况）和验收（设备验收的内容一般包括货物清单、设备名称、型号、规格、数量、随机备品配件、随机工器具、外观质量、产品标志、质量证明书、图纸资料）。开箱验收合格后，项目建设单位填写“设备开箱记录单”。机电安装承包商应按设备出库程序办理出库手续。若设备开箱验收发现缺陷，按设备开箱验收缺陷流程处理。

（3）验收检查主要内容。

1）非箱装设备。

a. 设备数量清点：批次、件数、标记、编号。

b. 外观检查：运输质量，设备表面及实体损伤状况。

c. 防护物、封印、防腐剂。

d. 规格、型号、技术参数。

e. 出厂合格证、出厂报告、技术说明书、图纸、光盘、软件等设备文件资料。

f. 合同、技术规范等规定其他要求的检查内容。

2）箱装设备。

a. 设备外包装：是否符合合同要求，包装是否良好。

b. 设备数量清点：批次、件数、标记、编号，到货清单与装箱单是否一致。

3）开箱验收管理。

a. 设备外包装：是否符合合同要求，包装是否良好。

b. 设备数量：到货清单、装箱单与实物是否一致。

c. 外观检查：运输质量、设备表面及实体损伤状况。

d. 防护物、封印、防腐剂。

e. 规格、型号、技术参数。

f. 出厂合格证、出厂报告、技术说明书、图纸、光盘、软件等设备文件资料。

g. 合同、技术规范等规定其他要求的检查内容。

4）设备资料文件交接管理。在设备开箱验收时，设备制造单位必须按合同规定份数提供设备图纸、质量证明书、检验报告等文件原件，档案管理人员查验、清点后交归档、分发，如有复印件，则须加盖公章。设备文件是设备不可分割的重要组成部分，主要包括设备说明书、规程、试验报告、技术总结，设备检验、检测记录，设备、材料合格证，出厂质量合格证明，设备装箱单、开箱记录，设备图纸、使用说明书，设备测绘、验收记录，设备安装调试、性能鉴定，以及设备随机的电子光盘等文件。

5）设备问题处理管理。

a. 设备开箱验收发现有不符合合同要求，确认属设备制造单位责任的，由设备制造单位负责处理，项目建设单位负责协调。

b. 对于零部件、资料不全，设备少量缺失、备品备件缺失，验收文件份数不够，由项目建设单位联系设备制造单位及时补足解决。

c. 设备存在缺陷，设备接收保管单位应对设备进行隔离或挂标识牌，由项目建设单位联系设备制造单位确认并跟踪处理；对于非质量、可现场处理的问题，要求设备制造单位在规定期限内现场进行缺陷处理；对于重要、不可现场处理的质量问题，要求设备制造单位进行限期返厂处理。

d. 对检验不合格的设备，设备接收保管单位应将其隔离并进行标识，做好记录，由项目建设单位协调退货处理。

（4）设备验收流程。

1）设备制造单位在设备装箱装车完成 1 日内，负责将设备到货通知单含交货设备清单扫描件发送至项目建设单位。项目建设单位收到到货通知单后 4h 内将通知监理单位，监理单位通知安装承包商。项目建设单位跟踪设备的运输、到货情况，并及时通知监理单位。

2）本批次设备如有直供现场设备，安装承包商接到到货通知单 2 日内根据设备安装工作现场进展情况，填报设备进场申请单，上报监理单位；监理单位根据设备安装工作现场是否具备进场条件等情况，1 个工作日内完成安装承包商设备进场申请单的审核工作，并报项目建设单位；项目建设单位 1 个工作日内完成审批工作，同意后方可进行安装现场交接、开箱验收。

3）机电设备到货后，根据设备分类，由安装承包商负责交接的设备，监理单位组织项目建设单位、安装承包商、设备制造单位、承运单位及时办理设备交接验收手续；由项目建设单位负责交接的设备，监理单位组织项目建设单位、设备制造单位、承运单位及时办理设备交接验收手续。根据到货设备的存放要求，组织设备卸车及入库。卸车及入库前，对外包装或设备外观进行认真检查，确认运输过程中无损伤，并按照交接验收检查内容逐项检查验收，验收完毕，由监理单位填写设备到货交接验收单，参验各方代表会签。设备到货后1日内完成设备交接验收工作。

4）安装承包商负责交接的设备办理到货交接验收手续后，即由安装承包商负责卸车、储存和保管，安装承包商应妥善保管，防止设备在储存过程中发生丢失、损坏、变形及其他意外事故，并对发生的此类损失/损坏承担责任。

5）开箱验收原则上在交接验收卸车后同时开展，由安装承包商负责交接保管的设备，监理单位组织项目建设单位、安装承包商、设备制造单位办理设备开箱验收手续；由项目建设单位负责交接的设备，监理单位组织项目建设单位、设备制造单位办理设备开箱验收手续。验收完毕，由监理单位填写设备开箱验收单，参验各方代表会签。

6）开箱验收过程项目建设单位档案管理人员负责查验、清点设备资料，项目建设单位、监理单位安排专人进行影像资料采集。

7）直供现场箱装设备交接验收时确实不能做开箱检验的，应根据安装进度至少提前两周进行开箱检验工作。监理单位应根据安装进度至少提前四周要求安装承包商做好开箱检验准备，与安装承包商商定开箱验收的日期后，提前三周以设备开箱检验通知单形式通知项目建设单位、安装承包商、设备制造单位等办理开箱检验工作。如设备制造单位接到通知后不参加开箱检验，则被认为认可开箱检验的结果，开箱验收其他流程相同。

（四）初步验收

（1）安装设备已按合同条款投入运行，并满足初步验收条件。

（2）设备制造单位提出初步验收申请，项目建设单位审查是否满足初步验收条件。

（3）项目建设单位组织监理单位、安装承包商、设备制造单位按合同条款进行初步验收，验收包括查看设备现场试验或试验报告，审查资料、备品备件是否齐全，安装及试运行过程中暴露问题是否已得到处理，遗留问题是否有处理计划等。初步验收合格后，项目建设单位填写“×××初步验收证书”。

（4）初步验收是指设备制造单位完成设备制造、出厂试验等全部工作，经过设备制造单位质检部门的验收，认为设备符合出厂要求，质量达到合同要求的标准。设备制造单位要按照国家有关规定，整理好完工等必要文件资料，向项目建设单位提出出厂验收；设备到达现场后，由安装单位按照设备制造单位提供的技术资料、检验标准、图纸及说明书进行安装，合同货物安装、调试完毕后的验收按照“技术规范书”的约定进行。监理单位组织初步验收，依据有关法律、法规、工程建设强制标准、设计文件、设备合同，对设备制造单位和安装单位报送的完工资料进行审查，并对设备质量进行验收。对存在的问题，应及时要求设备制造单位进行整改。整改完毕后，由项目建设单位、监理单位、安装单位及设备制造单位共同签署设备初步验收证书。初步验收证书样表见表1–1。

表1–1　　初步验收证书样表

设备名称			
设备制造单位		安装单位	
安装部位			
设备交付到场时界		开箱验收时间	

续表

<table>
<tr><td>安装时段</td><td colspan="2"></td><td>调试时段</td><td colspan="2"></td></tr>
<tr><td>试运行时段</td><td colspan="2"></td><td>正式投运时段</td><td colspan="2"></td></tr>
<tr><td colspan="6">验收设备清单（对应合同项，内容较多可另附页）：</td></tr>
<tr><td colspan="6">验收项目或内容：</td></tr>
<tr><td colspan="6">验收意见：</td></tr>
<tr><td colspan="6">遗留问题及处理意见：</td></tr>
<tr><td rowspan="2">验收小组签名</td><td>设备制造单位</td><td>监理单位</td><td>安装单位</td><td>项目建设单位</td><td>其　他</td></tr>
<tr><td></td><td></td><td></td><td></td><td></td></tr>
</table>

注　本证书一式 6 份，卖方 1 份，买方 3 份，监理、安装单位各 1 份。

（五）最终验收

由设备制造单位发起最终验收申请，项目建设单位组织监理单位、安装承包商、设备制造单位对质保期满的设备进行验收。最终验收合格后，项目建设单位机电部应填写“×××最终验收证书”。

最终验收由项目建设单位主持，验收小组由项目建设单位、设计单位、监理单位、监造单位、安装单位、设备制造单位等代表组成。合同设备具备完工验收条件时，安装单位在 28 天内，编写“合同设备完工验收申请报告”提交项目建设单位。项目建设单位审核验收申请报告，并在收到报告之日起 20 个工作日内，决定是否同意进行验收。同意验收后，项目建设单位在收到报告之日起 28 个工作日内组织合同工程完工验收，经监理单位对现场完成情况和工程质量、资料等进行检测，讨论并通过“合同设备最终验收鉴定证书”，证书如下。

***抽水蓄能电站

合同设备最终验收证书

（第***号）

合同设备名称：　　　　　　　　　　　　　　　　　　　合同编号：

致：<u>×××公司</u>（设备卖方） 兹证明<u>**合同名称及编号**</u>合同项下________号设备报验单所报<u>**设备名称**</u>设备，依据合同规定<u>**初步验收证书签发已满12个月**</u>，合同设备运行情况良好，业经各方签证确认合格符合签发最终验收证书条件，该合同设备质量保证期于<u>××××</u>年<u>××</u>月<u>××</u>日结束。 附件：1. 设备报验单 2. 最终验收签证书 签发人： ***抽水蓄能有限公司 年　　月　　日

注　本证书一式6份，卖方1份，买方3份，监理、安装单位各1份。

三、设备缺陷管理

（一）到货及开箱验收缺陷处理

设备到货验收不合格，项目建设单位机电部参加验收人员记录不合格情况，监理单位参加验收人员填写，经总监理工程师评审后，提交国网新源公司机电部相关专业技术人员进行评审，项目建设单位分管领导审核认可后按处置意见处置。项目建设单位机电部将审批后的不合格品处置单发函至设备制造单位。

（二）安装过程缺陷处理

安装承包商填写“机电设备安装缺陷处理呈批单”，经设备制造单位、监理单位、公司会签处理意见。缺陷处理完毕后，监理单位组织设备制造单位、安装承包商、公司进行验收，并会签“机电设备安装缺陷处理验收单”。

四、设备质量管理

（一）设备质量管理的主要环节

设备质量管理的主要环节包括五个阶段：工程可行性研究阶段、招标设计阶段、采购制造阶段、安装调试阶段、验收移交阶段。

1. 工程可行性研究阶段

（1）项目可行性研究阶段，针对机电设备专题设计方案进行详细分析和论证。

（2）做好设备选型工作等专题报告内容把关，对设备选型进行比选分析。

2. 招标设计阶段

（1）规范招标设计成果内部评审流程，明确基建部、技术中心、项目建设单位的评审范围。

（2）对涉及工程本质安全和电站运行安全的工程布置、结构形式、设备布置、设备选型等进行重点审查。

（3）对抽水蓄能电站通用设计/通用设备应用情况进行审查。

（4）督导和检查勘察设计单位严格落实国网新源公司关于提升抽水蓄能电站本质安全的相关要求，在设计文件中全面落实本质安全措施。

3. 采购制造阶段

（1）强化对招标文件编制质量进行审查，特别对招标设计方案和设备主要技术参数优选。

（2）采购制造阶段主要包括招标采购、设计联络、设备制造、出厂验收环节。由项目单位、设计单位、监造单位、设备制造单位、安装承包商和调试承包商共同参与，对设备质量进行全过程管理。

（3）每年组织编制、完善反事故措施（简称反措）库和典型故障汇编，形成设计、基建和运行阶段的强制性反措条文，行文发布各类反措，对照检查。

4. 安装调试阶段

（1）开展机电设备工艺设计策划，严格执行《抽水蓄能电站工程施工工艺示范手册》和相关工艺设计、细部设计有关要求，落实安装环节的技术监督和反措要求。监督施工方按照设计单位和制造商已审定的安装图、有关技术文件及相关安装技术规范要求执行。负责全过程记录安装过程中所发生缺陷的分析、处理过程，缺陷过程记录一并作为项目验收和移交生产的资料。

（2）机组启动试运行前，严格执行落实《抽水蓄能电站机组启动试运行前应具备条件技术要求》，完成设备分部调试试验项目，依据《可逆式抽水蓄能机组启动试运行规程》（GB/T 18482—2010）及机组启动验收委员会批准的《机组启动试运行试验大纲》，开展现场检查及调试工作。

5. 验收移交阶段

（1）新机组设备安装的主要事件：包括水库蓄水、一次设备首次倒送电、首次冲转及首次并网等过程中出现的主要问题和事件。

（2）新机组整体调试的情况：包括试验项目及调试过程中出现的主要问题及其解决方案。

（3）新机组考核试运行情况：包括启停次数、成功率和运行时间、电量情况、综合效率及过程中出现的主要问题及其解决方案等。

（4）电力基本建设工程质量监督部门对新机组的质量监督检查情况：包括新机组移交生产有关的机电工程、土建工程、电气工程、安全管理、运行管理、档案管理等各方面的检查情况和结果。

（5）新机组启动试运行验收情况。

（6）转入生产的设备设施存在的问题、问题的整改计划及对问题的控制措施。

（二）设备质量管理的内容

1. 工程可行性研究设计阶段

项目单位组织设计单位、咨询单位在既定的建设规模及机组容量前提下，比较、论证和审定水泵水轮机及其附属设备、发电电动机及其附属设备、辅助机械设备、电气设备、控制保护和通信设备、金属结构等主要设备的基本技术参数。邀请有关技术专家参加抽水蓄能电站主要设备基本技术参数的比选、论证和审查，并提出相应的意见和建议。落实设计阶段的技术监督和反措要求，审查可行性研究相关资料是否满足有关可行性研究标准，收集设备设计选型问题并进行汇编总结。

2. 招标设计阶段

按照《水电工程招标设计报告编制规程》（DL/T 5212—2005）的有关要求，取得国家电网公司可行性研究批复 6 个月内，组织设计单位完成工程招标设计报告的编制，经内部审查后提交上级主管部门审查有关机电及金属结构内容。负责落实设计阶段的技术监督和反措要求，组织审查可行性研究相关资料是否满足有关设备选型标准、预防事故措施、差异化设计要求等。

3. 采购制造阶段

（1）招标采购文件：根据招标设计报告审查结果、项目里程碑计划、工程建设进度、现场物资需求、设备供应周期等要求，编制招标（采购）文件，明确招标采购范围、购置设备清单和设备性能指标，同时考虑已投运设备典型故障汇编和技术监督、专项反措等要求。

（2）设计联络：根据设备设计联络会工作大纲，组织上级主管部门、设计单位、设备供货商及有关专家讨论解决设备合同执行过程中重大方案变更等问题，为设备后期制造奠定基础。

（3）设备监造管理：设备监造管理是设备质量管理的重要环节。项目单位负责审核监造单位编制的设备监造实施细则，监督、考核监造单位的服务质量，根据合同约定参与设备制造过程的关键点见证和出厂试验（验收），协调处理监造过程中发现的质量、进度问题。发生严重设备质量问题时，组织召开严重质量专题研讨会（如需要），负责严重质量问题处理后的验收，收集设备制造问题，并进行汇编总结。

设备监造单位通过驻厂监造、关键点见证等方式，对监造业务范围内设备采购、制造、厂内组装、检验、试验、包装发运及交货批次和进度进行全过程监督，落实在设备制造阶段的技术监督和反措要求，向项目单位报告设备监造情况。现场督促、见证制造商处理轻微质量问题；审核制造商的一般质量问题处理方案，并监督其处理；及时向项目单位报告严重质量问题，并根据处理意见监督制造商处理。

（4）项目单位根据设备出厂验收大纲，组织设计单位、安装单位、监理单位等人员成立设备出厂验收组。听取监造单位在监造业务范围内的设备监造过程的质量控制、设计修改和质量问题处理情况。对设备制造工艺、装置性能、检测报告等是否满足订货合同、设计图纸、相关标准和招投标文件要求进行检查，并出具出厂验收意见。

4. 安装调试阶段

（1）设备安装部分。负责在机电安装工程实施前，组织设计单位开展机电设备工艺设计策划，并进行工艺设计交底，机电设备安装施工工艺按照《抽水蓄能电站工程施工工艺示范手册》和相关工艺设计、细部设计有关要求执行，并落实安装环节的技术监督和反措要求。监督施工方按照设计单位和制造商已审定的安装图、有关技术文件及相关安装技术规范要求执行。负责全过程记录安装过程中所发生缺陷的分析、处理过程，缺陷过程记录一并作为项目验收和移交生产的资料。工程质量评定中，对有施工工艺质量要求的重要部位，应把施工工艺质量作为重要检查内容和项目。负责监督安装和调试承包商及人员资质、工艺控制措施是否符合相关规定。

（2）设备调试部分。

1）机组启动试验：负责机组启动试运行前，按照设计单位提出的《抽水蓄能电站机组启动试运行前应具备条件技术要求》和调试单位编制的《可逆式抽水蓄能机组启动试运行规程》（GB/T 18482—2010）开展现场检查，确保现场各项条件完备。涉网试验由调试承包商编写“电站涉网试验方案”，试运行指挥部组织审查后报送电网调度管理部门审批。在电站全部机组投产发电后的 12 个月内，项目单位应根据合同规定选择机组进行性能验收试验。

2）机组考核试运行前调试项目检查：负责在机组完成电站受电、分部调试和机组启动试运行后，向基建部提出“机组进入 15 天考核试运行前调试项目检查的申请”。基建部接到申请后及时组织成立调试项目检查专家组开展现场检查，明确机组是否具备进入 15 天考核试运行条件或相应的整改意见。项目单位按照检查意见完成整改，并征得电网调度管理部门同意后，向基建部上报“机组进入 15 天考核试运行申请及整改意见落实情况”。

5. 验收移交阶段

（1）代保管阶段。明确代保管范围，代保管区域，代保管条件；明确代保管设备隔离点清单（物理隔离点、电气一次隔离点、电气二次隔离点、机械隔离点）；明确代保管设备验收清单（设备备品备件、设备专用工器具、设备钥匙）；明确代保管设备工程资料验收清单；明确代保管区域设备负责人名单；代保管范围遗留问题及缺陷清单。

（2）机组启动试运行。负责在电站首台机组分部调试前，成立机组启动阶段验收委员会（简称启委会）。启委会在每台机组整组启动调试前组织编制“机组启动试运行大纲”和“机组启动试运行请示报告”，并上报基建部审查批复。组织召开启委会第一次会议，审核机组启动试运行大纲，决定机组进入启动试运行。试运行结束后，项目单位向启委会提出机组转入商业运行前的第二次启委会会议申请，组织召开第二次启委会会议，决定机组进入商业运行及签署“机组启动验收阶段鉴定书”。

（3）移交生产验收。负责上报“新机组基建移交生产验收申请”，运检部审核后批复同意开展新机组基建移交生产验收并成立验收专家组，专家组制定新机组基建移交生产验收检查大纲，开展现场检查验收。运检部会同基建部、安全质量监察部审核下发“新机组基建移交生产验收意见书”，批复同意机组移交生产。项目单位负责解决重大问题或制定控制措施，运检部确认后出具“新机组移交生产验收报告”。

思考与练习

1. 设备监造主要工作内容有哪些？
2. 简述设备缺陷处理的主要流程。
3. 简述设备质量控制的主要要点。
4. 简述设备安装质量管控的主要内容。
5. 简述设备调试质量管控的主要内容。
6. 设备验收移交包括哪些主要内容？
7. 设备到货验收包括哪些主要内容？
8. 简述设备出厂验收需要重点关注的主要内容。
9. 简述设备开箱验收需要重点关注的环节。
10. 初步验收主要包括哪些内容？
11. 最终验收主要包括哪些内容？

模块 4　机电设备技术管理（Ⅱ级）

模块描述　本模块主要介绍机电设备系统设计审查、组织设计联络、技术资料审查、强制性条文及反措检查落实、“五新”应用等技术管理的主要内容，通过流程介绍和要点讲解，能够组织开展机电设备技术方案审查和技术协调工作。

正　文

一、系统设计审查

系统设计审查的目的是确保工程符合国家、行业法律法规和规程规范的规定，满足电站工程的功能要求。

电站系统设计主要分为两个阶段：初步设计和施工图设计。抽水蓄能电站在进入基建阶段后，系统设计审查的主要内容为电站机电部分各系统招标设计审查，但由于电站接入系统初步设计审查至方案实施间隔时间一般为 5 年左右，电网参数、潮流等发生变化，因此也需要对部分电站接入系统复核设计进行审查。

（一）接入系统复核设计审查

一般由原接入系统设计审查单位（电力规划设计总院）组织审查，电站归属调度部门、当地省公司、设计单位等参加审查会。

1. 接入系统电气一次部分复核设计审查内容

（1）电气主接线图。

（2）电网电压等级设备短路电流水平。

（3）主变压器高压侧抽头电压、阻抗电压、中性点接地方式。

（4）电站机组发电、抽水工况下的额定功率因数。

（5）电站机组调相、进相运行能力。

2. 接入系统电气二次部分复核设计审查内容

（1）系统继电保护及安全自动装置，包括线路主保护和后备保护、故障录波器、信息管理子站、安全稳定控制装置设置数量及通信接口形式。

（2）系统调度自动化，包括远动信息的传送方式、调度机构、自动发电控制（AGC）和自动电压控制（AVC）、远动工作站配置原则、计费关口表位置及数量、能量采集终端、同步相量测量装置、调度数据网接入设备、发电曲线下发终端、调度员操作票终端和设备检修申报终端数量。

（3）系统通信，包括到对侧变电站通信光缆、通信电路的数量和形式、保护信息传输通道、光传输设备、系统调度程控交换机、高频开关通信电源和蓄电池组数量。

（二）机电设备招标设计方案审查

设计单位编制电站《工程分标规划报告》，项目建设单位组织专家进行审查，该报告中规定了机电设备（金属结构）采购分标原则及具体的分标方案，然后根据进度由设计单位编制相应设备的招标文件，由项目建设单位组织审查。

1. 机电设备（金属结构）采购分标原则

（1）综合考虑各类机电设备的技术特点、市场状况及制造商的生产能力，使标段划分有利于招标，并具有充分的竞争性。

（2）根据工程控制工期，考虑各单项设备的不同安装调试工期进行分标。

（3）分标规模应有利于设备的合理配套，并体现电站总体技术水平。

（4）应有利于充分发挥各专业制造商的技术优势、行业优势、地理优势。

（5）根据各设备的设计、制造、工厂试验周期合理分标。

（6）应有利于设备质量，节约工程投资。

（7）应有利于各标之间接口、界面及责任清晰划分，尽可能减少合同纠纷。

（8）应有利于合同管理和施工监督，降低工作难度。

2. 典型的机电设备分标方案

（1）EM1 机组及其附属设备标：包括水泵水轮机及其附属设备（含调速器、进水阀）；发电电动机及附属设备（含励磁系统）、SFC、发电机电压回路设备、继电保护系统、计算机监控系统及自动化元件、机组状态监测系统、水力机械辅助设备系统、上下水库进/出水口闸门卷扬机、尾水事故闸门液压启闭机、含油废水处理设备及钢岔管制造，备品备件及专用工具等。

（2）EM2 电网电压等级设备设备标：包括主变压器及其附属设备、SF_6 封闭式组合电器（GIS）及其附属设备、聚乙烯交联（XLPE）电力电缆及其附属设备、出线场避雷器、出线场电容式 TV 等。

（3）EM3 机电设备安装标：包括全厂机电设备安装、调试，地下厂房、厂房网架采购及安装、地面有关建筑的土建施工等。

（4）EM4 机组整组启动调试及试运行。

（5）EM5 桥式起重机。

（6）EM7 其他公用辅助设备：包括生活废水处理设备、消防灭火系统设备。

（7）EM8 电气一次公用及辅助设备：包括厂用变压器设备标、高压开关柜及保护控制设备、高压开关柜及保护控制设备、0.4kV 低压配电柜及 0.4kV 低压配电箱、0.4kV 低压母线槽、电缆、照明灯具、电网电压等级设备在线监测。

（8）EM9 电气二次公用及辅助设备：包括电站直流电源系统及通信电源系统设备、火灾报警及控制系统设备、工业电视系统、通信系统、门禁系统、通风空调监控系统。

（9）EM10 通风空调设备：包括空调设备、通风设备。

（10）EM11 水工建筑物安全监测自动化系统。

（11）EM12 水情测报系统。

（12）EM13 随线路采购的设备：包括电能量计费系统、系统通信设备、线路保护及安全自动装置、系统继电保护信息子站、通信通道设备、功角测量系统。

3. 机组及其附属设备招标方案的主要内容

（1）水泵水轮机及其附属设备、发电电动机及其附属设备、辅助机械设备、电气设备、控制保护和通信设备、金属结构等主要设备。

（2）各系统应提供的资料包括系统图、布置图、技术参数、运行方式、设备清单等，典型的主要图纸如下。

1）对外交通示意图。

2）枢纽总平面布置图。

3）上水库平面布置图。

4）输水系统纵剖面布置图。

5）引水岔管布置图。

6）尾水岔管布置图。

7）上水库进/出水口布置图。

8）下水库进/出水口布置图。

9）地下厂房布置图。

10）交通洞布置图。

11）通风洞布置图。

12）技术供水系统图。

13）渗漏排水系统。

14）检修排水系统图。

15）压缩空气系统图。

16）汽轮机油系统图。

17）绝缘油系统图。

18）水力测量系统图。

19）电气主接线图。

20）高压厂用电系统接线图。

21）继电保护配置图。

22）厂用电系统保护配置图。

23）全厂计算机监控系统结构框图。

24）机组状态在线监测系统结构示意图。

4. 主要审查内容

（1）项目建设单位在召开图纸审查前，通知监理单位及施工/安装等单位应分别组织专业审查及内部审查，并提出内部审查意见。

（2）项目建设单位组织设计、监理、施工单位及有关人员参加设计文件与施工图纸审查会，审查的重点如下。

1）施工布置是否符合工程总平面规划要求。

2）招标图纸设计是否贯彻执行国网新源公司补充性强制性条文。

3）电站供水、供电系统是否体现永临结合的思路。

4）设计采用的“五新”技术是否按照国网新源公司要求经过论证。

5）各标段之间界面划分是否清晰明确。

6）设备布置及构件尺寸能否满足其运输及吊装要求。

7）招标工程量与可行性研究工程量的初步分析，是否偏差过大。

8）施工图设计与设备，以及特殊材料的技术要求是否一致。

9）设计与施工主要技术方案是否相适应。

10）图纸表达深度能否满足施工需要。

11）各专业之间的设计是否协调。

12）设计采用的新工艺、新材料、新技术、新设备在施工技术、机具和物资供应上有无困难。

13）施工图之间和总分图之间、总分尺寸之间有无矛盾。

14）能否满足生产运行对安全经济的要求和检修作业的合理需要。

15）设备布置及构件尺寸能否满足其运输及吊装要求。

16）设计能否满足设备和系统的启动调试要求。

17）材料表中给出的数量和材质，以及尺寸与图面表示是否相符。

（3）审查会结束后，形成设计文件与施工图纸审查意见，项目建设单位以国网新源公司部门文件形式发送设计单位。

（4）设计单位按审查意见修订设计文件与施工图纸，并提交项目建设单位。

（5）项目建设单位按《工程建设文件、图纸与技术资料管理手册》的有关规定进行签收、审核、发放等工作。

二、组织设计联络

设计联络会是指为协调解决设备制造、施工过程中的设计问题，项目建设单位可在施工现场组织的定期设计协调会（可结合月度生产例会组织召开）；也可按照设备采购合同约定组织的设计联络会。设计联络会的目的是依据合同，完成设备的深化设计、生产、试验、安装调试和验收等技术条件（含图纸）。

（一）施工现场组织的设计联络会

（1）项目建设单位协商设计单位确定设计联络会时间及参会名单，通知设计、监理、施工等相关参建单位按要求准备好参加会议资料。

（2）设计联络会一般由项目建设单位主持，并做好会议记录，会后编写“设计联络会会议纪要”，内容包括：

1）会议时间、会议地点、会议主持单位及人员、参加会议单位及人员。

2）议题。

3）设计单位对议题的处理意见。

4）其他单位对议题的处理意见。

5）会议商定的对议题的处理决定（包括遗留问题）。

（3）“设计联络会会议纪要”经公司分管领导审批后，以公司文件形式发给各参加会议单位。

（4）各参建单位根据会议纪要的要求落实需开展的工作。

（5）项目建设单位、监理单位监督检查各单位对会议纪要的落实情况，并协调解决存在的问题。

（二）机电设备设计联络会

机电设备设计联络会一般在设备供应商所在地和项目建设单位现场举行，下面以组织主机设计联络会为例，介绍设计联络会的实施过程。

1. 各方职责

（1）项目建设单位负责设备设计联络管理，制定设计联络会工作大纲并组织设计联络会。

（2）国网新源公司基建部负责监督、检查、指导项目建设单位主机设备设计联络管理工作，审查主机设备设计联络会工作大纲，参加并指导项目单位主机设备设计联络会，参与讨论解决主机设备合同执行过程中的重大方案变更等问题。

（3）国网新源公司运检部参加第一、第二次主机设备设计联络会，指导项目单位主机设备设计，重点审查机组及其附属设备布置、主机与各辅助系统设备的接口等内容，参与讨论解决主机设备合同执行过程中的重大方案变更等问题。

（4）监造单位参加监造业务范围内的设备设计联络会，对设备制造技术要求、检查试验标准等偏差内容提出意见。

（5）设计、监理单位参加设计联络会，负责设备的设计方案和图纸审查。

（6）设备供应商应做好各次会议纪要，包括讨论的项目和得出的结论。纪要应用中文书写，双方授权代表确认并签字。会议纪要视为合同的一部分。设备供应商应编制每次会议的详细计划和日程，并按项目建设单位要求在联络会前 30 天提交与合同设备有关的图纸、设计文件和有关标准。

2. 主机设计联络会实施

（1）一般举行一次项目预联会和三次设计联络会议，两次计算机监控系统（CSCS）的专业会议，一次发电机电压设备的专业会议，一次机组过流部件设计专题会议，一次机组状态监测系统的专业会议，一次进水阀的专业会议，一次继电保护专业会议，两次卷扬式启闭机设备的会议，两次液压启闭机设备的会议，会议原则上均在设备供应商所在地举行；一次现场联络会议，在项目建设单位所在地举行。

（2）项目预联会议。合同生效后约 100 天举行。会议主要讨论主机和分包商制造厂合同执行进度表，及其所需机电安装标的图纸和资料；第一次设计联络会的准备工作和详细议题等。

（3）第一次设计联络会议。

1）合同生效后约 150 天举行。

2）会议主要内容：审查水泵水轮机及其附属设备和辅助系统、发电电动机及附属设备和励磁系统、继电保护装置、变频启动装置、离相封闭母线、发电机电压开关等配套设备的设计方案；讨论和决定所供设备及其附属设备的布置设计及对土建结构的要求；确定设计、制造、试验和安装进度，厂家提交的合同工作进度表，双方合同管理模式，确认联络图、设备命名和电缆编号原则及其他有关项目。确认机电安装标的最终工作量。审查 CSCS 初步设计方案和各对象设备的初步控制方案及通信方式，协商确定电站计算机监控系统硬件设备的冻结时间，讨论和审查中控室、计算机室的布置方案。讨论和审查机组状态监测系统设备初步设计方案，讨论和审查主要元器件、传感器及设备的选择，以及各设备的构造及性能，讨论和确定机组状态监测系统的网络通信及接口要求，协商确定电站机组状态监测系统硬件设备的冻结时间；讨论设备编码系统（KKS）设备编码系统的工程约定；协调双方的设计配合工作。

（4）第二次设计联络会议。

1）合同生效后约 270 天举行。

2）会议主要内容：最终确定水泵水轮机、调速器、进水球阀及其附属设备和辅助系统，发电电动机、励磁系统、继电保护装置、变频启动装置、离相封闭母线、发电机电压开关等配套设备的参数及结构，确定机组状态监测系统各有关测点传感器的布置，验收通风模型试验（如有），以及各辅助系统设备的参数和布置。讨论和审查 CSCS 的网络结构、硬件系统的基本配置，以及各设备的构造及性能；讨论并确定通信组网方式及接口要求；讨论并确定各现地控制单元（LCU）的 I/O 表格式；讨论和审查机组状态监测系统的系统图及各测点传感器和主要元器件的配置、布置、安装接线；讨论和审查设备供应商的组屏方案和设备的布置设计；讨论和审查设备编码系统；协调双方的设计配合工作。

（5）第三次设计联络会议。

1）设备供应商基本完成全部设计后约 30 天，一般为合同生效后约 450 天举行。

2）会议主要内容：设备供应商应向项目单位代表说明详细设计的全部成果；核实施工详图的交付进度和工程设计单位进行电站施工详图设计所需要的图纸、资料；商定合同设备外部接口的工作配合，讨论与电力系统调度部门之间的接口内容。CSCS 确定所有对象设备或系统的具体接口方式、详细的接口 I/O 信息、控制逻辑设计和模式要求。审查最终 I/O 点的数量和型号、硬件设备的详细设计和型号，讨论和确定设备供应商的屏柜柜面和柜内的布置设计。机组状态监测系统将复核协调与水泵水轮机/发电电动机在设计和安装等方面的配合，确定所有测点的布置、安装接线，箱柜布置。合同范围内所有备品备件及专用工具详细清单的确认。

（6）现场联络会议。

1）在设备现场分部调试之前约 60 天举行。

2）会议主要内容：研究电站设备分部调试、机组启动试运行的准备工作，设备供应商派代表参加。

（7）两次 CSCS 专业会议。

1）第一次：主要议题为 CSCS 软件、硬件和设备的详细设计；讨论画面设计和报表的初步要求；讨论所有顺控流程、控制和操作闭锁；讨论与电力系统调度部门之间的接口内容及与调度的通信模拟试验，确定 AGC/AVC 实施细则；讨论和确定工厂试验计划、培训和开发计划。

2）第二次：主要议题为审查设备供应商提交的软件功能设计文件，讨论画面和报表的详细设计，讨论并确定与其他承包商所供设备的通信内容，检查核实现场安装、装配、电缆敷设及其他条件，现场试验验收计划，以及与电力系统调度部门之间的接口。

（8）一次机组状态监测系统专业会议。讨论和审查机组状态监测系统的电气原理、详细功能及画面，工厂验收试验计划、现场试验计划、培训计划，讨论并确定机组状态监测系统与其他设备的接口，讨论并确定与其他承包商所供设备的通信内容；核实施工详图的交付进度和工程设计单位进行电站施工详图设计所需要的图纸、资料。时间在一联会会上确定。

（9）一次发电机电压设备专业会议。讨论并最终确定发电机电压设备布置与结构。时间在一联会会上确定。

（10）一次机组过流部件设计专题会议。会议将讨论机组过流部件（包含其连接螺栓）的刚强度计算、疲劳分析等进行审查，时间在一联会会上确定。

（11）一次进水阀专业会议。根据进水阀的设计图纸，讨论并最终确定进水阀结构和界面，时间在一联会会上确定。

（12）一次继电保护专业会议。会议将讨论和审查继电保护系统设备总体设计方案及逻辑框图或系统图；讨论和审查硬件系统的基本配置及各设备的构造及性能；讨论和确定电站继电保护设备的网络通信及接口要求；确定设备供应商所供设备的设计、制造、试验和安装的详细进度。时间在一联会会上确定。

（13）两次卷扬式启闭机设备的会议。

1）第一次：主要议题为讨论和审查卷扬式启闭机设备的总体设计方案和关键技术问题，审查启闭机设备与工程（土建、闸门设备等）的配合问题、确定主要外协外购件的供货商。

2）第二次：主要议题为讨论审查启闭机设备制造详图、关键工艺措施、质量保证措施，协调与工程设计和其他方面的技术问题及接口工作。

（14）两次液压启闭机设备的会议。

1）第一次：主要议题为讨论和审查液压启闭机设备的总体设计方案和关键技术问题，审查启闭机设备与工程（土建、闸门设备等）的配合问题、确定主要外协外购件的供货商。

2）第二次：主要议题为讨论审查启闭机设备制造详图、关键工艺措施、质量保证措施，协调与工程设计和其他方面的技术问题及接口工作。

三、技术资料审查

技术资料审查包括主要设备设计图纸、文件、专题报告的审查，目的是为了确保设计图纸、文件符合国家、行业和国家电网公司相关要求，减少图纸中的差错，保证工程和设备质量。

（一）主要设备设计图纸、文件的审查内容及流程

（1）图纸审查的重点包括：

1）审查产品的设计原则和检查与合同文件给出的资料是否一致。

2）图纸与设备、材料的技术要求是否一致。

3）设计与施工主要技术方案是否相适应。

4）图纸表达深度是否满足需要。

5）构件划分和加工要求是否与加工能力相符。

6）各专业之间设计是否协调。

7）设计采用新结构、新材料、新设备、新工艺、新技术在施工技术、机具和物资采购上有无困难。

8）施工图之间和总图之间，总分尺寸之间有无矛盾。

9）能否满足安全经济生产运行要求和检修作业的合理需要等。

（2）项目建设单位督促设备承包商按照采购合同的约定提供图纸及相关文件，具体见《工程建设主要设备设计图纸、文件审查管理手册》。

（3）项目建设单位按照《工程建设文件、图纸与技术资料管理手册》的有关规定，签收、转发并组织工程设计、监理、施工、调试和设备承包商等单位开展预审工作，上述参建单位应认真组织送审资料的预审，并提出预审意见。

（4）项目建设单位组织以上参建单位（必要时还应聘请专家），对主要设备承包商设计的图纸进行审查，形成审查意见并填报“×××项目图纸和文件审查意见表”，经项目建设单位分管领导批准后送交设备承包商。

（5）设备承包商对满足要求的图纸和文件，提交正式版，对不满足要求的修改完善并按以上流程重新提交审查，但不得超过两次。

（6）项目建设单位应对设备承包商落实审查情况进行监督检查。

（7）设备承包商的最终版设备图纸、文件（包括设备使用说明书、出厂调试报告等），需经工程设计单位审查、盖章，项目建设单位确认后分发设备承包商、监理、施工单位使用。

（二）专题报告的审查内容及流程

（1）项目建设单位督促设备承包商按照采购合同约定提供相关专题报告，专题报告

包括（但不限于）：

1）机组水力开发设计振动专题报告。

2）机组转频与机组固定部件固有频率分析报告。

3）主机设备动静不平衡产生的轴承振动和转轮迷宫自激振动分析报告。

4）机组水力过渡过程计算报告。

5）机组轴系稳定及强度分析报告。

6）电气设计振动分析报告。

7）机组电磁计算报告。

8）发电机通风计算报告。

9）其他主要设备合同约定的专题报告等。

（2）项目建设单位收到设备承包商的相关专题报告后，组织设计单位、监理单位、施工单位、设备供货商及专家（必要时）召开审查会，进行论证和审查。

（3）项目建设单位在审查后 7 天内，形成审查意见，填报“×××项目专题报告论证和审查意见表”，上报分管领导审批后，送交设备承包商。

（4）项目建设单位督促设备承包商对专题报告进行补充、更改、完善，形成最终稿后报送项目建设单位备案。

（5）项目建设单位将相关资料归档。

四、强制性条文及反事故措施检查落实

强制性条文是电力工程建设过程中应强制执行的技术法规，是参与电力工程建设活动各方执行工程建设强制性标准的重要内容，执行强制性条文是从技术上保证工程质量和安全的关键。强制性条文包括国家现行有效的工程建设标准强制性条文（电力工程部分）和国网新源公司抽水蓄能电站工程建设补充强制性条文，且适用于最新版本，应及时更新替代、补充新增内容。

反事故措施（简称反措）是在事故调查分析、设备评估、技术监督、安全性评价及设备稳定分析等工作的基础上，针对生产过程中存在的安全隐患和问题，以预防人身、电网和设备事故为目的，研究制定的事故防范措施。

（一）强制性条文管理总则

（1）根据《中华人民共和国工程建设标准强制性条文（电力工程部分）》《实施工程建设强制性标准监督规定》，工程建设、设计、设备制造商、监理、施工等单位应制定强制性条文执行计划，相关工程管理及技术人员应熟悉、掌握强制性条文。

（2）工程勘察设计和施工招标阶段，建设单位或其委托的招标代理机构应在招标文件中对强制性条文的实施提出具体要求。

（3）工程建设过程中，参建各单位应严格执行强制性条文，不符合强制性条文规定的，应及时整改，并应保存整改记录。未整改合格的，严禁通过验收。

（4）设备制造商在过程中如发现设计文件有不符合强制性条文规定的，应及时向设计或建设单位提出书面意见或建议。

（5）工程开工前，项目建设单位应编制本项目强制性条文执行计划，主要内容应包括组织机构、人员职责、培训、检查和目标考核，统筹强制性条文执行工作。

（6）工程项目投运前，参建各单位应分别对强制性条文执行情况进行检查，并提供检查报告。

（7）《国网新源控股有限公司工程建设强制性条文实施导则》中相关表格应严格按照规定的格式填写，数据真实、记录齐全、签证有效，并按工程档案归档要求及时组卷归档。

（8）任何单位和个人不得更改强制性条文。

（9）任何单位和个人对违反工程建设标准强制性条文的行为，有权向上级主管部门检举、控告、投诉。

（二）强制性条文的主要内容涉及的标准

参照中电联标准〔2012〕16 号《工程建设标准强制性条文（电力工程部分）》2011 年版的规定，水电厂及抽水蓄能电站的强制性条文主要内容涉及以下标准。

（1）《水电工程劳动安全与工业卫生设计规范》（NB 35074—2015）。

（2）《水电枢纽工程等级划分及设计安全标准》（DL 5180—2003）。

（3）《水电工程钢闸门设计规范》（NB 35055—2015）。

（4）《水电工程水情自动测报系统技术规范》（NB/T 35003—2013）。

（5）《水力发电厂水力机械辅助设备系统设计技术规定》（NB/T 35035—2014）。

（6）《水力发电厂机电设计规范》（DL/T 5186—2004）。

（7）《抽水蓄能电站设计导则》（DL/T 5208—2005）。

（8）《水力发电厂火灾自动报警系统设计规范》（DL/T 5412—2009）。

（9）《水利水电工程设计防火规范》（SDJ 278—1990）。

（10）《水轮发电机组安装技术规范》（GB/T 8564—2003）。

（11）《可逆式抽水蓄能机组启动试运行规程》（GB/T 18482—2010）。

（12）《水轮发电机组启动试验规程》（DL/T 507—2002）。

（13）《水电水利工程压力钢管制造安装及验收规范》（DL/T 5017—2007）。

（14）《水电工程钢闸门制造安装及验收规范》（NB/T 35045—2014）。

（15）《3～110kV 高压配电装置设计规范》（GB 50060—2008）。

（16）《水力发电厂厂用电设计规程》（NB/T 35044—2014）。

（17）《水力发电厂继电保护设计规范》（NB/T 35010—2013）。

（18）《电气装置安装工程　电气设备交接试验标准》（GB 50150—2016）。

（19）《电气装置安装工程　高压电器施工及验收规范》（GB 50147—2010）。

（三）强制性条文的实施

1. 实施准备

（1）工程项目招标设计阶段和施工图设计前，勘测设计单位应明确本工程项目所涉及的强制性条文，编制“抽水蓄能电站工程勘测设计强制性条文执行计划表”，经内部审批后，报设计监理单位审核，项目建设单位备案（如未委托设计监理单位，直接报项目建设单位备案执行）。

（2）在设备招标文件中，应明确相关强制性条文要求。

2. 强制性条文的执行

（1）工程施工图设计阶段，强制性条文执行的主体责任单位为设计单位。设计单位应在施工设计图纸中详细列出所执行的强制性条文内容，并据实填写“抽水蓄能电站工程设计强制性条文执行检查表”。

（2）在设备制造过程中，强制性条文执行的主体责任单位为设备制造商，设备制造商应严格执行强制性条文，并由监造单位监督执行情况。

（3）设备现场安装过程中，强制性条文执行的主体责任单位为施工单位。施工单位应在单元工程验收时填写“抽水蓄能电站工程施工强制性条文执行记录表”，并由监理工程师审核。

3. 实施情况检查

（1）强制性条文执行情况的检查主体责任单位为监造单位、监理单位。

（2）在设备工厂验收时，监造单位对设备制造商执行强制性条文情况进行检查，检查结果记入设备监造报告中。

（3）在设备现场安装过程分部工程验收时，应由监理单位的总监组织对施工单位执行强制性条文情况进行检查，检查结果填入“抽水蓄能电站工程施工强制性条文执行检查表”。

（4）在单位工程验收阶段，对强制性条文执行情况核查的主体责任单位为项目建设单位。在单位工程验收前，首先由监理单位对“抽水蓄能电站工程设计强制性条文执行检查表”和“抽水蓄能电站工程施工强制性条文执行检查表”进行复查汇总，对照经审批的强制性条文执行计划，填写“抽水蓄能电站工程施工强制性条文执行汇总表”，报项目建设单位工程部审核，在单位工程验收时，项目建设单位工程部组织验收成员进行确认。

（四）机电设备涉及反措的主要内容

根据国家电网基建〔2015〕60 号《水电厂重大反事故措施》和国家电网基建〔2017〕61 号《防止水电厂水淹厂房反事故补充措施》，机电设备在选型设计、技术性能等方面涉及的反措主要有以下内容。

（1）《防止水轮机损坏事故》中 5.1.1、5.1.2、5.2.1、5.2.2、5.3.1、5.3.2、5.4.1、5.4.2、5.5.1、5.5.2、5.6.1、5.6.2、5.7.1、5.7.2 的全部内容，主要包括：

1）应设置完善的停机过程剪断销剪断（或其他导叶发卡保护）、调速系统低油压、低油位、电气和机械过速等保护装置，同时为防止在机组甩负荷而调速器又失灵时发生飞逸事故，应装设过速限制器（包含事故配压阀、电磁换向阀、纯机械过速保护装置等）。

2）按无人值班设计的水电厂应采用“失电动作”规则，即当调速器控制回路电压消失时，自动动作关闭机组导叶。

3）工作闸门（主阀）应具备动水关闭功能，在导水机构拒动时应保证工作闸门（主阀）能在最大流量动水关闭，关闭时间应保证机组在最大飞逸转速下的运行时间小于允许值。贯流式水轮机应设置防止飞逸的关闭重锤，导水机构拒动时应能够动水关闭，重锤关机的时间应能保证机组在最大飞逸转速下的运行时间小于允许值。反击式水轮机导叶的水力矩应有自关闭功能设计。

4）调试期应根据合同约定进行动水关闭试验以验证工作闸门（主阀）性能，贯流式水轮机应进行重锤关机试验。

5）新投运（改造）的调速系统应进行水轮机调节系统静态模拟试验、动态特性试验、功能性试验、导叶关闭规律检验、低油压及低油位试验等，各项指标合格后方可投入运行。

6）新机组投运前应进行过速试验，过速整定值校验合格，过速保护装置动作可靠；同时新机组投运前应按照要求进行甩负荷试验，检查甩负荷过程中水压上升率、转速上升率和尾水管真空度，应符合调节保证要求。

7）水轮机电气过速和机械过速的整定值应结合机组调节保证最大瞬态转速规定值进行整定。

8）立式水轮机设计时应设置可靠的防抬机措施，应安装抬机监控、保护装置，当旋转部分抬机量超过设计值时实现快速停机。

9）设计时应保证立式水轮机在不同的工况运行中的轴向水推力不会造成机组抬起。

10）水轮机重要连接螺栓在安装前应进行检测，未经检测合格的螺栓严禁使用。

11）水轮机转轮与泄水锥的连接应安全、可靠，严防泄水锥脱落。

（2）《防止发电机损坏事故》中 6.1.1、6.1.2、6.2.1、6.2.2、6.3.1、6.3.2、6.4.1、6.4.2、6.5.1、6.5.2、6.6.1、6.6.2、6.7.1、6.7.2、6.8.1、6.9.1、6.9.2 的全部内容，主要包括：

1）制造厂家应提供转子各部件的刚度、强度有限元计算分析和疲劳寿命报告，分析机组在发生过速、飞逸等情况下的磁极线圈最大等效应力，并核算设计结构下的线圈变形量。

2）额定转速在 300r/min 及以上发电机的磁极应采用成熟经验结构，宜采用完全向心结构，且线圈的侧向固定采用加围带或在磁极间安装支撑挡块。围带或极间支撑应可靠地固定于磁轭或磁极铁芯，磁极线圈应与磁轭之间有可靠的支撑。

3）为使定子线棒与线槽紧密配合，线棒在槽内的固定可采用半导体 U 形槽衬、含半导体硅橡胶的半导体无纺布将线棒包绕嵌入槽内或在线棒表面涂覆半导体硅橡胶等措施。

4）应核算发电机机架、机座、定子线棒端部及其他结构件的固有频率，以避免与水泵水轮机的转频、水力脉动频率及其倍频，或与不对称运行时转子和定子铁芯的振动频率、电网频率的倍频、建筑物的振动频率产生任何可能的共振。

5）定子铁芯穿心螺杆采用全穿心螺杆时宜采用全绝缘结构，若采用分段绝缘结构，应有可靠措施防止穿心螺栓和铁芯间脏物进入造成穿心螺杆绝缘下降。

6）发电机定子中性点引出线应采用硬铜排或电缆。

7）固定定子绕组的支撑环及齿压板的压指应采用非磁性材料。

8）微机自动准同期装置应安装独立的同期检查闭锁继电器。

（3）《防止主变压器设备损坏事故》中 7.1.1、7.1.2、7.2.1、7.2.2、7.3.1、7.4.1、7.5.1

的全部内容，主要包括：

1）应选择具有良好运行业绩和成熟制造经验生产厂家的产品。240MVA 及以下容量变压器应选用通过突发短路试验验证的产品；主变压器和 240MVA 以上容量变压器，制造厂应提供同类产品突发短路试验报告或抗短路能力计算报告，计算报告应有相关理论和模型试验的技术支持。

2）220kV 及以上电压等级变压器应进行驻厂监造，110（66）kV 电压等级的变压器应按照监造关键控制点的要求进行监造，有关监造关键控制点应在合同中予以明确。监造验收工作结束后，监造人员应提交监造报告，并作为设备原始资料存档。

3）强迫油循环水冷的变压器冷却器应在与变压器相连之前进行热油冲洗，防止冷却器焊渣等杂质进入变压器造成事故。

4）对于油/SF_6 环氧树脂浸纸干式套管，应要求套管出厂时局部放电量不大于 5pC，防止变压器投运后套管出现电容量升高的情况。

5）强油循环的冷却系统应配置两个相互独立的电源，并采用自动切换装置。

（4）《防止调速器系统损坏事故》中 8.1.1、8.1.2、8.2.1、8.2.2、8.3.1、8.4.1、8.4.2 的全部内容，主要包括：

1）调速器操作压力油罐应配置双套独立互为备用的油泵和电源系统，且应能根据压力变化自动启停，保证机组随时安全启动。

2）调速系统油罐压力、容积应能在油泵失效情况下保证可靠地关闭导叶。可逆式机组和有黑启动任务的常规机组应保证油罐的启动压力和容积。

3）机械液压系统中应有合适的油过滤装置；液压部件的设计应有防震、防卡、防止油黏滞的措施，以保证机械液压部件能正常地工作。

4）机组测速装置应配有一路齿盘测频通道、一路残压测频通道，互为冗余。

5）测速装置出现故障时，调速器应具有完善的容错功能。测速装置软件应具备故障自诊断功能，全部装置故障时输出报警信号，防止发电机高速加闸和飞逸。

6）应具有人工水头和自动水头双重输入的功能，根据水头信号自动调整启动开度（加速开度）、空载开度限制、负载开度限制等。

（5）《防止主进水阀（闸）损坏事故》中 9.1.1、9.2.1、9.3.1、9.3.2、9.4.1、9.4.2、9.5.1 的全部内容，主要包括：

1）主进水阀枢轴应采用铜基镶嵌自润滑、双金属自润滑或其他具有在类似运行条件使用证明是可靠和具有长期使用寿命形式的轴瓦。枢轴轴瓦与阀体之间应设有可靠固定方式确保不发生相对位移。

2）主进水阀枢轴轴瓦内侧应设置防止泥沙进入轴瓦内的装置。

3）球阀活门和下游密封动作顺序应有闭锁装置，只有活门全关后下游密封方可关闭，下游密封打开后活门方可开始开启，且球阀打开时下游密封不得投入。

4）球阀工作密封环的投、退腔密封应采用可靠的密封结构形式，防止长期使用后由于磨损造成密封漏水而使工作密封环操作力降低。

5）抽水蓄能机组和尾水闸门可自动控制的常规机组，主进水阀与尾闸应有主进水阀全关后尾闸方可关闭，尾闸全开后主进水阀方可开启的闭锁关系。

(6)《防止承压设备损坏事故》《防止金属结构损坏事故》《防止开关站设备损坏事故》《防止全厂停电及厂用电设备损坏事故》《防止监控及自动化系统事故》《防止励磁系统和静止变频器事故》《防止继电保护误动事故》中设计和基建阶段的全部内容。

(7)《防止人身伤亡事故》《防止大坝破坏事故》《防止厂房损坏事故》《防止输水系统结构损坏事故》《防止火灾和交通事故》《防止重大环境污染事故》中设计和基建阶段的部分内容。

(8)《防止水电厂水淹厂房反事故补充措施》中水力设计、逻辑控制、重要部位螺栓、闸门及进水阀、压力管路及阀门和应急措施的全部内容。

（五）水电厂重大反事故措施落实

1. 反措全过程管理机制

(1) 国网新源公司运检部和技术中心的反措管理职责贯穿到设备全过程，确保反措要求落实到设备全过程各环节。

(2) 国网新源公司运检部负责组织制定国网新源公司年度反措计划和反措重点要求；项目建设单位负责根据工程进展情况，依照国网新源公司要求，每年编制年度反措计划和反措重点要求，并经本公司三级审核并批准后执行反措工作计划，每年年底应编制年度反措工作总结；国网新源公司安全质量监察部负责监督项目建设单位反措执行情况，并提出考核意见。

2. 前期设备问题和运行期反措交互反馈闭环机制

(1) 国网新源公司基建部、物资部分别负责组织项目建设单位收集设备设计选型、制造质量问题、安装调试阶段设备缺陷的原因分析及处理报告，形成设备前期问题汇编，在机组投产后的3个月内反馈运检部。

(2) 国网新源公司运检部负责组织技术中心编制各类反措和典型故障汇编，并及时反馈基建部、物资部、发展部和安全质量监察部。一是根据系统内发生单一典型故障或共性问题及时编制专项反措；二是每年根据上级单位反措发布情况及设备设施事故暴露问题制定年度重点反措；三是每3～5年根据设备前期和运行期问题修订《水电厂重大反事故措施》，形成设计、基建和运行阶段的强制性反措条文。

(3) 行文发布设备前期问题汇编、各类反措时由包括发展部、基建部、运检部、物资部和安全质量监察部在内的相关部门会签。设备前期问题汇编、各类反措的发布部门应明确责任人发起“反措执行反馈单”，接收部门收到后应在一个月内反馈落实结果。

五、“五新”应用

（一）“五新”的定义、应用的目的和意义

(1)“五新”是指新技术、新工艺、新流程、新装备、新材料。

(2) 发展科学技术，加强科学研究、科技开发、技术革新、技术改造。加强使用、引进、开发项目的环境保护管理，提高环境保护意识，防止环境污染及危害人类健康，节约能源与资源。

(3) 引进、开发“五新”，推进项目建设单位进步。

（4）推广、应用先进的“五新”技术，可以提高经济效益和社会效益。

（二）“五新”项目的来源

（1）国家有关部委、项目所在地各地方相关省市发布推广使用的“五新”技术。

（2）同行业中，新颖、先进、实用的新技术、新工艺、新流程、新装备、新材料。

（3）经中国电力建设集团有限公司、中国能源建设集团有限公司等有关公司评审推广使用的“五新”技术成果。

（4）国家电网公司、国网新源公司使用、引进与开发的“五新”项目，以及已组织推广使用的项目中对环境产生重大影响的特殊项目。

（三）“五新”应用推广计划管理

（1）项目建设单位编制《抽水蓄能电站工程建设管理总体策划》（简称总体策划）时，组织相关部门对“五新”进行调研，确定计划应用的“五新”技术，填报“‘五新’应用推广计划表”，作为总体策划的附表报项目建设单位分管领导审批。

（2）项目建设单位将批复的“总体策划”转发设备监造商，督促相关单位制定切实可行的“‘五新’应用实施计划”。

（3）设备制造商的实施计划报项目建设单位和监造单位审批。

（4）新技术应用申报、受理及项目实施应满足国网新源公司《新技术推广应用管理手册》相关要求。

（四）设备制造商“五新”技术应用申请管理

（1）设备制造商根据“五新”应用实施计划和设备制造进展情况，编制“设备制造商×××设备‘五新’应用申报审批表”，报项目建设单位和监造单位。

（2）项目建设单位组织监造单位等相关单位进行论证，必要时，组织专题咨询会，形成论证或咨询意见，报项目建设单位工程分管领导批准。

（3）项目建设单位将批准后的审批表发送设备制造商，设备制造商组织实施。

（五）“五新”应用目标项目执行

（1）设备制造商应采取有效措施，认真落实“五新”应用实施计划，强化管理。

（2）监造单位应跟踪、督促设备制造商“五新”应用的落实，对实施过程进行指导及监督，确保“五新”应用落实到位。

（3）项目建设单位、监造单位、设备制造商均应分别建立“五新”应用台账，及时收集、整理、归档相关“五新”应用资料。

（六）“五新”应用总结、成果申报及推广

（1）“五新”应用目标项目实施完成后，项目建设单位应整理“五新”应用相关资料，及时总结，作为工程创优的支撑性材料。

（2）项目建设单位组织“五新”应用实施单位向相关行业主管部门申请“建筑业新技术应用示范工程”称号或取得其他类似“五新”应用成果认定证书。

（3）根据“五新”推广应用实际情况，国网新源公司基建部组织项目建设单位开展“五新”推广应用的典型经验交流。

思考与练习

1. 接入系统设计审查的主要内容是什么？
2. 主机设计联络会的次数和主要内容是什么？
3. 设计联络会各相关部门的职责是什么？
4. 强制性条文如何执行？
5. 前期设备问题和运行期反措交互反馈闭环机制如何运行？
6. 设备制造商“五新”技术应用管理流程是什么？

参　考　文　献

[1] 中华人民共和国合同法
[2] 国家电网公司直属单位项目（设备/材料类）招标文件范本（商务通用部分）
[3] 国家电网公司抽水蓄能电站主机设备招标文件范本（通用技术规范）
[4] 国家电网公司供应商绩效评价管理细则

第二章　机电设备安装调试管理

模块 1　机电设备安装管理（Ⅱ级）

模块描述　本模块介绍机电设备安装总体要求、安装工艺管理、安装缺陷管理、成品保护管理的主要内容，通过流程和要点讲解，能够解决机电设备安装相关的技术管理问题。

正　文

一、机电设备安装总体要求

机电设备安装管理包括安全、质量、进度、技术等管理。基建项目单位应执行国网新源公司已有基建管理通用制度及管理手册，按相关通用制度及管理手册要求开展机电设备安装的安全、质量、进度管理。机电设备安装应满足国家相关规程规范要求，严格按照设计单位、设备制造商提供的安装图纸、工艺、流程及质量控制要求开展设备安装工作。设备安装期间，基建项目单位应注重提高设备安装工艺水平，组织开展设备安装工艺设计及细部设计，执行国网新源公司标准施工工艺。设备安装完成后，应按照合同及国家相关规程规范要求，开展设备单体调试，调试试验项目齐全，满足合同及规程规范要求。

（一）机电设备安装安全管理

1. 机电设备安装工程安全文明施工

机电设备安装工程所有安全设施应严格按照国家、行业、国家电网公司及国网新源公司等有关安全文明施工标准规程、管理规定执行。

（1）为了方便地下厂房施工作业，在地下厂房机组段上游侧安装一栈道，从安装间通往主、副厂房，利用组合式旋转爬梯垂直通向机组基坑施工区域。栈桥水平段借助土建已安装好的锚杆，进行安装，每 2 台机组段垂直设置一处组合式旋转爬梯，爬梯采用组合式钢结构，单节爬梯转向处设平台，上面铺设 4mm 厚花纹钢板；底部安装有不低于 200mm 的踢脚板，采用 4mm 厚的钢板制作。爬梯需设扶手栏杆，栏杆高不低于 1200mm；水平段栈道主要为钢结构，人行走道采用 4mm 厚的花纹钢板，上面铺设橡胶地垫；水平段栈道护栏制作高度不低于 1200mm，护栏底部安装有不低于 200mm 的踢脚板，采用 4mm 厚的钢板制作；进口处设置栈桥使用管理规定牌、验收合格牌、限载牌、安全警示牌。

（2）定子和转子组装应采用防尘工作棚，工作棚内地面采取防尘措施，设置防潮设施及通风设备；定子及转子吊装应成立专门的组织机构，由专人负责统一指挥。

2. 机电设备安装施工安全风险管理

机电设备安装工程应从开工前准备、工程实施到调试、移交等整个过程，针对每个阶段的具体特点，进行相应的风险识别、风险分析，并制定相应的风险应对措施计划，在实施过程中加强风险监测与控制。

机电设备安装工程危险源辨识范围包括：

（1）发电电动机安装。

（2）发电机电压设备安装。

（3）主变压器安装。

（4）高压配电装置与封闭式组合电气及电缆安装。

（5）计算机监控设备安装。

（6）直流系统设备安装。

（7）静止变频启动设备安装。

（8）厂用电设备安装。

（9）全厂照明设备安装。

（10）全厂电缆安装。

（11）全厂接地安装。

（12）通信设备安装。

（13）全厂工业电视安装。

（14）全厂消防报警系统安装。

（15）全厂起重设备安装。

（16）启闭机门机电气控制设备安装。

（17）辅助生产系统电气设备安装。

（18）全厂门禁系统设备安装。

（19）污水污油系统设备安装。

（20）消防系统电气设备安装。

（21）通风、排风、空调、排烟及其监控系统电气设备安装。

（22）电站信息系统。

（23）继电保护。

（24）电站补水系统电气设备安装。

（25）机组机械设备安装。

（26）机组试运行。

（27）主阀机械设备安装。

（28）全厂供排水系统安装。

（29）压缩空气系统机械设备安装。

（30）油系统机械设备安装。

（31）水力量测系统机械设备安装。

（32）消防系统机械设备安装。

（33）通风空调系统安装。

（34）上/下水库进、出水口闸门安装。

（35）上/下水库进、出水口拦污栅安装。

（36）尾水事故闸门安装。

（37）尾水事故闸门液压启闭系统安装。

（38）电站补水系统机械设备安装。

（39）厂房桥机机械设备安装。

（40）尾闸洞桥机机械设备安装。

（41）其他起重机械安装。

（42）副厂房电梯安装。

（43）厂区消防系统设备安装。

（44）污水污油处理系统机械设备安装。

3. 机电设备安装工程三级及以上风险作业工作内容和职责

机电设备安装工程三级及以上风险作业工作内容和职责如图 2-1 所示。

（二）机电设备安装质量管理

项目单位是机电设备安装质量管理责任单位，接受政府质量监督机构的监督，接受国网新源公司本部各职能部门的管理，对设计、监理、施工、制造、调试等参建单位实施基建质量管理。主要管理要点如下。

（1）在工程建设现场设立由第三方独立完成工程质量检测试验工作的金属实验室。

（2）负责审核监造单位编制的设备监造实施细则，监督、考核监造单位的服务质量，根据合同约定参与设备制造过程的关键点见证和出厂试验（验收），协调处理监造过程中发现的质量、进度问题。邀请国网新源公司基建部、运维检修部参加机组及附属设备转轮、主进水阀等重要部件，以及发电机出口开关、主变压器等重要设备的出厂验收。

（3）负责落实设备制造、运输、仓储等环节的技术监督和反措要求。负责编制设备出厂验收大纲，组织设计单位、施工单位、监理等单位人员成立设备出厂验收组，检查设备制造工艺、装置性能、检测报告等是否满足订货合同、设计图纸、相关标准和招投标文件要求，并出具出厂验收意见。

（4）组织参建单位配合质量监督巡视组检查，并提供相应的备查资料。项目单位妥善保管电力质量监督总站出具的质量监督巡视检查报告，并作为验收资料存档。电力建设工程质量监督总站对建设工程实行定期巡视和阶段巡视，定期巡视根据工程建设计划一般每年 1～2 次；阶段巡视分为工程蓄水（截流）、机组启动、单项工程竣工和枢纽工程竣工巡视。

（三）机电设备安装进度管理

1. 机电工程进度计划编制的注意要点

（1）编制的机电工程进度计划在实施中能控制和调整，便于沟通协调，使工期、资源、费用等目标获得最佳的效果，应能最大限度地调动积极性，发挥投资效益。

（2）确定工程项目施工顺序，要突出主要工程，要满足先地下后地上，先干线后支线等施工基本顺序要求，满足质量和安全的需要，注意生产辅助装置和配套工程的安排，满足用户要求。

（3）确定各项工程的持续时间，应计算出工程量，根据类似施工经验，结合施工条件，加以分析对比和必要的修正，最后确认各项工程的持续时间。

（4）在确定各项工程的开、竣工时间和相互搭接协调关系时，应分清主次、抓住重点，优先安排工程量大的工艺生产主线，保证重点兼顾一般。

（5）编制施工进度计划时，应满足连续均衡施工要求，使资源得到充分利用，提高生产率和经济效益。

（6）进度计划安排中留出一些后备工程，以便在施工过程中作为平衡调剂使用。考虑各种不利条件的限制和影响，为施工进度计划的动态控制做准备。

2. 影响机电设备安装进度的因素

（1）影响机电设备安装进度的单位主要有项目公司、设计单位、监理单位、物资供应单位。

（2）施工过程中需要的工程设备、材料、构配件和施工机具等，不能按计划运抵施工现场或是运抵施工现场检查时，发现其质量不符合有关标准的要求。

（3）项目公司没有给足工程预付款，拖欠工程进度款，影响承包单位的流动资金，影响承包单位的材料采购、劳务费的支付，影响施工进度。

（4）项目公司对工程提出了新的要求，设计变更或施工单位要求设计修改，都会影响施工进度计划。

（5）施工过程中遇到气候、水文、地质及周围环境等方面的不利因素，寻求相关单位解决而造成工期拖延。

（6）各种风险因素的影响。例如，在固定总价合同中，碰到设备、材料价格上涨；土建交面；供图；设备交货时间和质量；设备仓储条件；人力资源；施工质量；工程协调；送出工程等。

（7）施工单位的自身管理、技术水平及项目部在现场的组织、协调与管控能力的影响。例如，施工方法失误造成返工，施工组织管理混乱，处理问题不够及时，各专业分包单位不能如期履行合同，到场的工程设备和材料经检查验收不合格等现象都会影响施工进度计划。

3. 机电设备安装进度控制的主要措施

（1）组织措施。建立进度控制的组织系统，落实各层次的进度控制人员的任务和责任；确定进度目标，建立控制目标体系；确定进度控制工作制度。

（2）技术措施。采取加快施工进度的技术方法措施。如施工方案优化，分析技术的先进性和经济的合理性，分析为实现进度目标，改变施工技术、方法和施工机械的可能性。

（3）合同措施。对施工合同的工期、索赔与有关进度计划目标相协调措施。

（4）经济措施。实现进度计划的资金措施，如资金需求计划、资金供给和激励措施等。

（5）信息措施。收集施工实际进度的有关资料，进行整理统计与计划进度比较。

（四）机电设备安装技术管理

机电设备安装技术管理包括（不限于）工程开工管理、标段施工组织设计管理、作业指导书管理、施工总平面布置管理、强制性条文实施管理、施工作业面移交管理、质量验收管理等，管理要求及流程执行国网新源公司《工程建设施工技术管理手册》。基建项目单位要严格执行国网新源公司技术管理要求，组织做好施工技术方案的编制、审批及实施管理。

1. 施工图纸审查

机电设备安装工程的图纸主要包括设备制造商提供的图纸和工程设计单位提交的图纸两部分，施工图纸审查的主要目的是为了确保图纸符合国家、行业和国家电网公司相关要求，减少图纸中的差错，保证工程和设备质量。各单位对施工前设计单位提交的正式版施工图和设备制造商提供的图纸进行审查，从各自角度发现图纸中机电设备布置、接线等是否存在交叉、缺失等不合理的问题，避免在施工中出现返工、需采取临时补救措施的问题，提高施工成果的水平，为工程达标创优奠定良好的基础。审查可通过设计联络会、专题联络会等方式开展。

（1）设计技术交底。

1）监理单位组织设计单位对监理、施工单位进行设计技术交底。

2）项目单位、监理单位、施工单位对设计交底内容进行讨论，形成修改意见纪要。

3）设计单位根据修改意见进行设计完善后提交监理单位。

（2）图纸审查的重点。

1）审查产品的设计原则是否满足合同文件要求。

2）图纸与设备、材料的技术要求是否一致。

3）设计与施工主要技术方案是否相适应。

4）图纸表达深度是否满足需要。

5）构件划分和加工要求是否与加工能力相符。

6）各专业之间设计是否协调。

7）设计采用新结构、新材料、新设备、新工艺、新技术在施工技术、机具和物资采购上有无困难。

8）施工图之间和总图之间、总分尺寸之间有无矛盾。

9）能否满足安全经济生产运行要求和检修作业的合理需要等。

2. 强制性条文实施管理

强制性条文包括国家现行有效的工程建设标准强制性条文（电力工程部分）和国网

新源公司抽水蓄能电站工程建设补充强制性条文（简称强制性条文），且适用于最新版本，应及时更新替代、补充新增内容。

（1）根据《中华人民共和国工程建设标准强制性条文（电力工程部分）》《实施工程建设强制性标准监督规定》，工程建设、设计、监理、施工等单位应制定强制性条文执行计划，相关工程管理及技术人员应熟悉、掌握强制性条文。

（2）工程勘察设计和施工招标阶段，建设单位或其委托的招标代理机构应在招标文件中对强制性条文的实施提出具体要求。

（3）工程建设过程中，参建各单位应严格执行强制性条文，不符合强制性条文规定的，应及时整改，并应保存整改记录。未整改合格的，严禁通过验收。

（4）施工、监理、建设单位在施工过程中如发现设计文件有不符合强制性条文规定的，应及时向设计或建设单位提出书面意见或建议。

（5）工程开工前，项目法人单位应编制本项目强制性条文执行计划，主要内容应包括组织机构、人员职责、培训、检查和目标考核，统筹强制性条文执行工作。

（6）工程项目投运前，参建各单位应分别对强制性条文执行情况进行检查，并提供检查报告。

（7）《国网新源控股有限公司工程建设强制性条文实施导则》中相关表格应严格按照规定的格式填写，数据真实、记录齐全、签证有效，并按工程档案归档要求及时组卷归档。

（8）任何单位和个人不得更改强制性条文。

（9）任何单位和个人对违反工程建设标准强制性条文的行为，有权向上级主管部门检举、控告、投诉。

3. 施工方案审批

（1）制订方案编制计划。施工单位进场后 60 天内提交施工方案编制计划，明确施工方案项目清单及完成时间。

（2）方案编制要求。

1）内容。每个施工方案项下作业指导书编制，确定需要编制安全专项措施的施工方案。在项目实施前 3 个月，编制完成《×××重大施工技术方案》。

2）格式要求。单位工程/分部工程开工前 14 天，机电部（物流中心）督促施工单位参照公司《抽水蓄能电站建设工程作业指导书编制导则》的要求，分别确定施工方案和作业指导书的编制格式要求。

（3）方案审批。

1）施工单位内部审核。

2）监理批复前应组织有关单位进行会审。

3）监理单位收到施工单位提交的作业指导书后 7 天内完成审批，并报项目公司工程部/机电部（物流中心）备案。

4）关于重大施工技术方案的审查，项目公司工程部/机电部（物流中心）在收到监理审批意见后 10 天内召开工程重大施工方案审查会，组织设计单位、监理单位、施工单位、设备供货商及专家（必要时）对施工/安装/调试承包商编制的《×××重大施工技术方案》进行论证和审查，形成“×××重大施工技术方案审查意见”，并督促监理单位组织施工单位在10天内对重大施工技术方案进行补充、更改、完善，形成最终《×××重大施工技术方案》，报监理和项目公司备案。

二、机电设备安装工艺管理

抽水蓄能电站工程工艺设计是为了满足工程全寿命周期中对工艺的要求，将工艺设计意图和理念贯穿于工程建设全过程的一系列规划设计工作，应积极采用先进的设计手段。

（一）工艺策划

（1）项目建设单位依据国网新源公司下发的抽水蓄能电站工程通用设计成果（72项标准施工工艺、9项细部设计手册等），组织工程设计单位开展设备安装相关工艺策划及工艺设计，制订实施计划，设计单位在每年四季度向项目建设单位提交下年度工艺设计方案和实施计划。

（2）基建项目单位在进行年度质量管理策划中，应根据工程进展情况制订标准施工工艺应用计划，报国网新源公司基建部批准后实施。

（二）机电设备安装工艺设计管控

机电设备安装工艺设计主要包括预埋管、预埋件、接地、电缆桥架及电缆敷设、小口径管路、支吊架、盘柜接线的设计。

设计单位在施工图设计阶段应根据工艺设计实施计划，按照上下水库、进出水口、闸门井、主厂房及主副厂房、主变洞及变副厂房、开关站等工程区域，分专业、分阶段编制完成工艺设计图册，在项目施工前6个月报建设单位审查，并根据审查意见在项目施工前3个月提交各专业工艺设计手册，作为组织施工的依据。

工艺设计手册应包括图纸目录、设计说明、施工详图等，其中施工详图应包括系统图、结构详图、材料表、施工说明等。

设计单位应在现场设计服务阶段开展工艺设计技术交底，解决现场施工过程中出现的工艺设计问题，处理工艺设计变更。项目完成后，设计单位应总结实施过程中的工艺设计问题和工艺设计变更，收集各方的意见和建议，编制专业工艺设计手册终稿提交建设单位，以实现工艺知识和经验的积累、共享和管理。

（三）机电设备安装二次施工工艺管控

1. 二次施工工艺设计

机电设备安装过程中，施工单位应在设计单位工艺设计基础上，开展电缆敷设、小管路安装及预埋件安装等二次工艺设计，并提交监理单位。监理单位组织设计单位、项目建设单位机电部、监理机电部、施工单位进行审核，并根据审查意见要求施工单位在1个月内对二次设计方案进行修改。监理单位在1个月内以正式文件对修改后的二次工艺设计进行批复，将审批结果报送项目建设单位备案。

2. 过程应用管控

（1）工艺交底。

1）设备安装实施前，项目建设单位应组织设计单位对施工单位开展设备安装工艺交底，将工艺设计意图贯穿设备安装全过程。

2）施工单位在施工前组织对施工人员进行技术交底。

（2）样板工程建设。机电设备安装过程中，施工单位应先严格按照工艺策划的要求分类、分区域建设样板工程区，经项目建设单位机电部、监理单位、设计单位共同验收通过后再全面展开实施。

（3）过程监督。

1）施工单位应加强对工艺纪律执行情况的监督检查。

2）监理单位对施工单位的施工过程应以旁站或巡检的形式进行监督检查。

3）项目建设单位机电部专业人员应结合定期检查、专项检查、日常检查对施工单位工艺纪律执行情况进行监督检查。

3. 检查和总结

（1）配合国网新源公司检查。

1）机电部根据国网新源公司检查通知要求，组织材料汇总列出执行的“工程施工工艺标准目录清单”，准备接受检查组的检查。

注：国网新源公司检查的内容主要是本年度的工程施工工艺标准执行情况、执行过程中存在的问题、需要修订的工程设计技术标准等。

2）机电部负责向国网新源公司组织的检查组汇报工作，汇报的主要内容为工程施工工艺标准执行情况，标准偏差及原因分析，执行过程中存在的问题、建议。

3）机电部组织监理单位、施工单位针对国网新源公司检查组提出的意见和建议进行整改落实。

（2）总结。

1）机电部于每年组织监理单位、施工单位，对本年度工程施工工艺的执行情况进行总结，形成“工程施工工艺标准执行情况总结报告”，总结报告的主要内容包括本年度执行的施工工艺标准，执行过程中存在的重大问题，对检查组检查报告的贯彻执行情况，意见及建议。

2）“工程施工工艺标准执行情况总结报告”经机电部主任审核，国网新源公司分管领导批准后报送国网新源公司基建部。

三、机电设备安装缺陷管理

机电设备安装缺陷包括设备制造缺陷和安装过程缺陷 2 类缺陷，管理环节涉及机电设备到货或开箱验收、安装过程管控及缺陷处理。

1. 机电设备到货缺陷管理

机电设备安装前，基建项目单位组织监理、设备制造商、设备安装单位等相关方开展机电设备到货或开箱验收，依据设备供货合同及相关技术规范，对安装设备进行必要的检查或试验，发现设备缺陷应责成设备供货方处理或退换，避免设备带缺陷安装。

2. 机电设备安装过程缺陷管理

（1）设备安装过程中发生的缺陷，属于设备供货方责任的，应按照合同约定，由设备供货方负责修复或退换；属于设备安装单位责任的，由设备安装单位负责处理。

（2）基建项目单位应督促有关设备安装单位或供货方限期处理，缺陷处理完成后方可转入下道工序。

（3）基建项目单位应负责全过程记录安装过程中所发生缺陷的分析、处理过程，缺陷过程记录资料一并作为项目验收和移交生产的资料，必要时还需留取相应数码照片及影像资料。

3. 机电设备缺陷考核处理

（1）基建项目单位依据合同条款及国网新源公司管理要求，及时对设备缺陷相关责任方进行考核及索赔处理。

（2）设备缺陷引起的合同商务问题，基建项目单位应按照物资合同管理有关要求，报国网新源公司物资部；由于设备缺陷影响工程建设工期或费用的，基建项目单位应及时将有关情况上报国网新源公司基建部。

四、机电设备安装成品保护管理

机电设备安装成品保护的目的是保障工程建设一次成优、自然成优，避免工程成品的二次整治。

（一）机电设备安装成品保护的范围（但不限于）

高处作业下部管路、设备、槽盒与电缆保护，电缆敷设的桥架与槽盒、沿途设备保护，设备间及配电室内粉刷、油漆工作的设备防尘、防设备和地面污染保护，敞开区域设备、管道、地面防油漆污染、防粉尘、防踩踏保护，焊接作业防焊渣灼伤设备和下部地面保护，同一区域交叉施工防污染、防损坏保护，成品二次施工恢复保护，防机械和控制电气设备锈蚀、污染保护等。

（二）机电设备安装成品保护管理措施

（1）基建项目单位负责组织、部署机电安装单位成品保护管理工作，检查、指导机电安装单位落实国网新源公司基建成品保护相关要求。

（2）基建项目单位要建立成品保护责任制，明确成品在设备安装过程中的防护原则，开展成品保护评价，将成品保护评价结果纳入合同结算一并考核。

（3）机电设备安装单位在编制施工组织设计和各项施工作业指导书时，应专门就拟采取的成品保护措施进行说明；监理在审批各项施工组织设计和施工作业指导书时，要对成品保护事项进行审查，并提出审查意见。

（4）机电设备安装单位组织对作业人员进行技术交底时，要对基建成品保护的有关要求和技术措施进行交底，明确具体的措施和标准要求。

（5）项目单位或监理在组织各施工单位进行工序交接验收时，严格执行《抽水蓄能电站主要工序交接控制导则》要求，并办理相关签字手续。两道工序交接签认后，接收工序单位即承担保护上道工序成品的责任，其后发生的成品损坏、污染等均由接收工序单位负责。

（6）在分部工程、单位工程和单项工程或标段工程完工验收中，增加“成品保护验收”内容。因成品损坏而导致的相关修复费用及造成的间接损失均由责任方承担，并在验收结算时实施扣缴。

（三）机电设备安装成品保护实施要点

1. 水机、电气工程

（1）机械加工面应涂黄油、贴防水纸；大型加工面应铺木板和覆盖帆布保护；对临时存放的设备，应遮盖，设置明显标识，并加装防护围栏。

（2）螺纹、螺栓孔内涂黄油塞棉布保护，必要时加保护帽保护。

（3）机械设备的转动部分与固定部分的间隙用白布、塑料胶带进行封堵；转子吊入机坑后，要对空气间隙及磁极采用帆布进行全面遮盖保护。

（4）水机、电气的埋管等安装完成验收后，应采用钢板封盖或有一定强度的塑料封盖，对所有管口封闭严密，并设置两圈红白警示标志贴。

（5）周边有其他作业时，对设备油漆用帆布严密遮盖保护；涂漆未干前，设备周围布置防护栏杆，并悬挂“油漆未干”标识。

（6）已安装设备等应装设保护围栏，做好防尘、防水、防潮、防火、防碰撞及防污染措施，设置警示标志，上方有落物可能时应搭设钢管保护棚。

（7）在电缆敷设时，防止尖锐异物划伤电缆，敷设通道应清理干净；周边进行其他施工作业时，对工作区域范围内电缆及桥架进行防护；沿电缆沟敷设的电缆施工完毕后，应立即将沟盖板盖好。

（8）对所有电气盘、柜、箱应装设保护围栏，做好防尘、防水、防潮、防火、防碰撞及防污染措施，上方有落物可能时应搭设钢管保护棚；带锁的门、柜等应锁紧，保存好钥匙，并做好警示标志。

（9）精密设备及设备带电机部分安装完成后应用帆布遮盖保护；热工仪表、自动化仪表、测点等在易受损伤的场所罩木制罩壳，设置警示标志，必要时搭保护棚。

（10）发电电动机定子叠片、线棒等设备到现场后需临时存放时，应遮盖，设置明显标识，并加装防护围栏；定子组装完成后，暂不拆除保温棚，以便保护定子，防止定子落灰和遇水生锈；吊入机坑后，用帆布覆盖，防止落灰、溅水。

（11）发电电动机转子叠片、磁极等设备到现场后需临时存放时，应遮盖，设置明显标识，并加装防护围栏；转子组装完成后，用帆布覆盖，防止落灰、溅水。

（12）主变压器室砌体未形成前应装设保护围栏；运输到位后，应在主变压器上方用脚手板或其他硬质材料搭设保护间；主变压器滤油时在地面铺设防渗橡胶地板；主变压器在喷淋试验前，盘柜、测温表计等电气元件用防水帆布遮盖保护。

2. 给排水设施

（1）设备安装完成后，焊缝表面打磨平整，并涂漆进行防腐处理；加工面涂黄油保护。

（2）埋入部分安装完成后，混凝土浇注前进行可靠加固和临时支撑，防止浇筑变形。

（3）螺栓孔、工艺孔内涂黄油塞棉布保护，以防进入异物，影响下一步施工。螺栓螺纹涂黄油包棉布保护。

（4）连接管道需进行防腐、冲洗，保证管路保持洁净和不锈蚀。

（5）设备上管道与设备连接时，其安装顺序应从设备接口处开始，在远离设备的管段上进行闭合，以免因安装不当引起应力附加。

（6）在管道安装过程中，遇到承重混凝土伸缩缝时可能会产生收缩变形，对管道应进行过缝处理。

（7）周边有其他作业时，对设备油漆用帆布严密遮盖保护；设备在涂漆未干前，周围布置防护栏杆，并悬挂“油漆未干”标识。

（8）设备安装完成后，清理安装现场及设备表面，做到“工完、料净、场地清”。特别做好加工法兰面的保护，防止碰损。已安装设备应装设保护围栏，做好防尘、防碰措施。

（9）非金属给排水系统管路完成验收后，应采用有一定强度的塑料封盖，对所有管口封闭严密，并设置两圈红白警示标志贴。

（10）水压试验结束后，应及时卸压并排空。特别是在容易结冰天气进行水压试验时，防止构件、管道因结冰膨胀而出现设备损坏。

思考与练习

1. 机电设备安装进度控制的主要措施有哪些？
2. 施工图纸审查包括哪些内容？
3. 机电设备安装工艺设计主要包含哪些方面的设计？
4. 机电设备安装设备缺陷包括哪两类缺陷？
5. 机电设备安装成品保护范围主要有哪些？

模块2　机电设备分部调试管理（Ⅲ级）

模块描述　本模块介绍抽水蓄能电站分部调试方案审查、安全隔离管理、分部调试等管理的主要内容，通过流程和要点讲解，能够组织和协调分部调试工作。

正　文

一、方案审查

（一）调试方案的主要内容

分部调试方案作为分部调试工作的指导性文件，其范围覆盖了调试的组织、管理、试验和调试计划等各个方面。分部调试方案主要包括以下内容。

（1）调试（试验）目的。

（2）调试（试验）依据。

（3）调试（试验）范围。

（4）调试（试验）条件和要求。

（5）调试（试验）项目。

（6）调试（试验）组织措施和要求。

（7）调试（试验）安全注意事项。

（8）环境和职业健康措施。

（9）其他。

（二）调试项目

由于分部调试涉及的系统多、范围广，包括了抽水蓄能电站的各个系统，因此必须将调试项目分组进行，在调试立项时要注意科学性和完整性，项目的确定以国网新源公司《抽水蓄能电站调试（试验）项目管理手册》中提出的调试项目表为依据，调试项目安排时应考虑以下要求。

（1）由简入繁，先做模拟信号试验，再做分系统试验，然后再做整体试验。调试过程中尽可能模拟实际运行参数和运行条件。

（2）对重要安全方面的试验要预先安排试验，以保证后续调试工作的安全。

（3）尽可能模拟异常运行工况，但不得出现危及人员和设备的安全。

（4）对安全保护系统要进行充分试验。

（三）调试计划的编制

为保证调试工作的安全、顺利实施，必须制定周密的调试计划，计划安排工作要在现场条件、人员条件、施工工器具及文件编制等基础上精心安排和准备，根据条件的准备情况及时进行调试计划的调整。由于调试是一项大型的系统性工程，在每个阶段都要找到其中的关键点和关键路线，只有在总体上进行最佳优化，才能更加有效的加快调试进度，缩短调试工期。因此必须编制一份调试计划图，以减少调试过程中对设备的临时性要求。在编制调试计划时，应考虑以下几个方面的问题。

（1）要考虑某些系统优先进行调试，及早投入运行，以解决其他系统在调试时的基础要求，如设备的供电、供水、供气等调试应优先进行。

（2）要考虑某些系统优先进行调试，以保证其他相关系统能在安全的情况下进行试验，如保护系统、信号系统及测量系统。

（3）在一定阶段要考虑安排某些联动性试验，以确保后续工作的正常开展。

（4）调试计划的安排要满足整个调试的要求，以尽量减少对各种临时措施的要求。

二、安全隔离管理

为加强调试现场安全管理，规范各类工作人员的行为，保证人身、电网和设备安全，依据《国家电网公司电力安全工作规程（变电部分）》《国家电网公司电力安全工作规程（线路部分）》《国家电网公司电力安全工作规程（动力部分）》，明确设备调试现场人员的安全责任，确保保证安全的组织及技术措施能落到实处。

（一）一般管理要求

1. 安全责任

调试指挥部全面组织、指挥和协调调试试验工作，全面负责调试过程中的安全、质量、试验项目及进度等，协调解决调试过程中的重大问题。调试单位负责编制调试试验方案，负责调试的各项工作，并对调试结果负责。监理单位负责组织审查调试方案，并组织安全技术交底。安装单位配合调试单位进行调试工作，及时处理安装缺陷。设备制造商提供产品安装、调试说明书和安全注意事项，监督调试安全措施落实，参与全过程调试，并给予技术指导。

2. 人员要求

（1）调试工作人员须经《电力安全工作规程　第 1 部分：变电部分》（Q/GDW 1799.1—2013）和《电力安全工作规程　第 3 部分：水电厂动力部分》（Q/GDW 1799.3—2013）考试合格，在工作前应被告知其作业现场和工作岗位存在的危险因素，熟悉调试设备的状况，熟悉启动调试大纲的内容，熟悉调试现场的环境，熟悉调试用仪器设备的使用方法。

（2）熟悉现场调试的危险点、防范措施及事故紧急处理措施，熟悉消防设施的使用方法。

3. 现场要求

（1）参加调试的设备应统一命名编号，在被调试设备门口应有醒目的设备命名标牌和有关的警示牌。在开关、闸刀、阀门等需操作的设备上均必须挂标示牌。

（2）所有运行区域设备室门关闭并锁上，非运行人员不得进入运行设备室。试验、检修和安装人员进入运行设备室工作须办理工作票，或由运行人员陪同。

（3）调试现场应设置必要的消防器材，厂内的消防报警装置应投入使用。

（4）调试现场使用的接地线应有编号，由运行人员统一保管，统一操作。调试人员为保证安全临时使用的接地线，必须做好记录，用后及时拆除。

（5）建立隔离锁管理制度，设置专用钥匙箱存放隔离措施使用的锁具和钥匙，钥匙的使用和归需专门登记成册。

（6）每次隔离措施需要由执行人登记记录，试验前或进入风洞、蜗壳、尾水等重要设备检查前，试验人员或检查人员必须认真检查隔离措施，避免事故发生。

（7）现场使用的安全工器具应合格，并符合有关要求。工作人员的劳动防护用品应合格、齐备。

（8）对调试现场可能发生的风险，应做好事故应急处理预案。调试现场应有紧急撤离通道，并做好明显的标志，调试人员明确紧急撤离的路径。

（9）调试过程中发现设备异常应及时汇报，为保证调试人员的安全，必要时可启用紧急停机和跳闸按钮，及时撤离现场调试人员。

（10）事故处理按照调度规程、运行规程和事故预案执行，由当班运维负责人现场指挥处理。

（二）调试安全隔离管理

与运行设备有关的调试工作，应执行《电力安全工作规程》（Q/GDW 1799—2013）规定的工作票制度。投入试运行的设备或调试中需带电的设备，也应执行工作票制度，并由运行人员（调试操作组）做好安全措施。工作票应由施工承包商有资格的调试人员开具，按工作票管理流程进行管理。如调试设备涉及已投运的运行设备，还应由生产单位人员进行签发。运行操作人员接到工作票后，应检查工作票所列安全措施是否满足安全要求。按要求拟写操作票，并按操作票管理流程进行管理。

调试设备隔离，主要是指断开与其他设备之间的联系，在调试设备区域和其他设备区域应设置明显的界限。在调试过程中，应做好以下安全隔离工作：

1. 物理隔离

（1）调试现场应实行封闭管理，在施工场所和运行场所的分界点应分别设置隔离遮拦设施。参加调试人员凭证进入调试现场。

（2）所有隔离点的开关、闸刀、接地开关、阀门等状态均按要求设定，并做好防止误动的措施，挂禁止类标识牌。

2. 电气一次设备隔离

（1）做好带电设备与非带电设备之间的安全隔离，非带电一侧必须可靠接地，禁止操作的开关设备必须挂警示牌，必要时切除其操作电源。对有可能突然来电的调试设备关键隔离点处做好可靠的安全措施。

（2）所有调试设备与安装设备的隔离点如开关、闸刀等要做好防止误动的可靠措施，锁上并挂警示标牌。

（3）所有调试设备与运行设备的隔离点如开关、闸刀等要做好防止误动的可靠措施，锁上并挂警示标牌。

以下隔离点需挂机械锁：

未装防误闭锁装置或闭锁装置失灵的隔离开关（刀闸）手柄和网门；当电气设备处于冷备用且网门闭锁失去作用时的有电间隔网门；设备检修时，回路中的各来电侧隔离开关（刀闸）操作手柄和电动操作隔离开关（刀闸）机构箱的箱门。机械锁要一把钥匙开一把锁，钥匙要编号并妥善保管。

3. 电气二次设备隔离

（1）做好调试设备与非投运设备的电气二次隔离，对所有可能送电到非投运设备的端子，应在调试设备处断开连接端子或解开连接线，用绝缘胶带包扎好以防接地，并做好记录。

（2）做好调试设备与运行设备的电气二次隔离。在运行设备的二次信号隔离，应按《电力安全工作规程　第 1 部分：变电部分》（Q/GDW 1799.1—2013）要求执行二次安全措施票。在调试设备处断开连接端子或解开连接线，并用绝缘胶带包扎好以防接地，并在二次安全措施票中做好记录。在调试设备上的二次信号隔离，应在调试设备处断开连接端子或解开连接线，用绝缘胶带包扎好以防接地，并做好记录。

4. 机械设备隔离

（1）所有调试设备与安装设备的油、气、水等管路上的阀门要做好防止误动的可靠措施，锁上并挂警示标牌。

（2）所有调试设备与运行设备的油、气、水等管路上的阀门要做好防止误动的可靠措施，锁上并挂警示标牌。

（3）对有可能突然来电、突然来水、突然充压的调试设备关键隔离点处做好可靠的安全措施。

以下隔离点需挂机械锁：

泄压阀；各来压部位的隔离阀门、截止门；设备检修时，系统中各来电侧的刀闸操作手柄和电动操作刀闸机构箱的箱门。机械锁要一把钥匙开一把锁，钥匙要编号并妥善保管。

（三）调试风险管理

在调试工作开始前，应对调试工作的风险等级进行识别，按评价后风险值的大小及所对应的风险危害程度，将风险从小到大分为五级，一到五级分别为稍有风险、一般风险、显著风险、高度风险、极高风险。

二级及以下调试作业，其安全风险控制管理由调试单位自行组织开展风险控制。作业前安全监护人现场逐项检查落实，有序组织施工作业。

三级及以上调试作业，其安全风险控制管理由调试、监理、项目单位共同组织开展风险控制。调试作业专项安全技术措施须经监理审查、建设单位批准后，报上级公司备案。调试作业的施工工序，相关人员要按照《水电工程三级及以上施工安全风险管理人员到岗到位要求》进行作业监督检查，按作业步骤对风险控制卡进行逐项确认后，方可有序开展作业。

（四）安全检查

（1）项目建设单位应适时检查调试过程中的安全管理情况，督促施工承包商严格履行职责，强化调试过程中的《电力安全工作规程》（Q/GDW 1799—2013）执行，确保调试安全。

（2）调试负责人在每天的调试工作开始前，必须检查所做的安全措施是否完备。工作完成后要做到工完场清。

（3）监理单位应每天检查调试工作场所的安全措施是否完备。

三、分部调试管理

设备分部调试是指对各单体设备及与其相关的设备、装置、自动化元件等连接后，形成的一个相对独立的分系统进行的机械、电气和控制等部分的联合调试过程。目的是检验设备和系统是否满足设计要求，一般涉及若干个单体设备。设备分部调试是电站建设施工的一个重要环节，是检验设备制造、设计安装质量的动态试验过程，是机组启动试运行前的重要工序。

分部调试由单体调试和分系统调试两部分组成。单体调试包含电动机、阀门（电动、液动）及单台辅机试运；分系统调试指按系统对其动力、控制等所有设备进行空载和负载的调试及试运行。

（一）调试组织机构及职责

在分部调试开始前，成立分部调试指挥领导小组。分部调试由施工承包商负责（由设备制造、供货单位自行调试除外），组长由施工承包商项目经理担任，成员由项目建设单位/监理单位、调试承包商、设计单位、有关的设备供货商、其他有关施工单位的人员组成。分部调试指挥领导小组在启动验收委员会的指导下工作。参与分部调试各单位的职责如下。

1. 分部调试指挥领导小组

分部调试指挥领导小组是项目部分部调试的指挥机构，全面组织、领导和协调机组分部调试工作，全面负责调试中的安全、质量、进度和效益；参与审批分部调试方案和措施；协调解决调试出现的重大问题；组织、协调设备的维护、检修和消除缺陷。

2. 施工承包商

（1）负责制定机组的分部调试计划和分部调试措施的编制。

（2）负责实施分部调试计划，组织制定和实施调试方案和措施。

（3）组织协调设计单位、项目建设单位和设备供货商的调试工作。

（4）根据工作需要，组织召开会议，研究解决分部调试中出现的问题。

（5）负责提出，并组织调试、项目建设单位对分部调试项目及其记录进行验收签字。

（6）组织人员做好分部调试和调整试验的技术记录，汇总各项试验结果。

（7）负责向项目建设单位办理设备系统的代管。

（8）负责消除施工和自购器材造成的设备及系统缺陷，按双方签订的合同完成项目建设单位委托的其他原因引起的消缺工作。

3. 项目建设单位/监理单位

协调各参与调试各单位之间的关系，协调并监督施工承包商做好分部调试的组织工作，负责组织有关单位消除非施工原因造成的设备及系统缺陷。对分部试运合格的项目进行验收签证，对分部试运已经合格并具备代管条件的设备/系统进行代管。

4. 设计单位

负责现场的设计修改工作，提交完整的竣工图。

5. 设备供货商

参加分部调试并进行技术指导，处理设备缺陷，配合完成合同中规定的调试项目。

（二）管理流程

（1）施工承包商根据设备分部调试大纲，在设备分部调试前 1 个月，施工承包商编写“电站设备分部调试方案”。

（2）施工承包商领导审核“电站设备分部调试方案”。

（3）监理单位在 15 天内组织项目公司机电部（物流中心）、设计单位和施工承包商对“电站设备分部调试方案”进行审查。

（4）监理单位根据审查结果，形成“电站设备分部调试方案”审查意见。

（5）施工承包商接收“电站设备分部调试方案”审查意见，并进行修改后报送监理单位。

（6）监理单位对修改后的“电站设备分部调试方案”进行批复。

（7）监理单位下发“电站设备分部调试方案”。

（8）施工承包商实施“电站设备分部调试方案”。

（9）机电部（物流中心）备案“电站设备分部调试方案”。

（10）机电部（物流中心）对施工承包商的设备分部调试执行情况进行监督检查。

（11）各分部调试项目执行完成后，监理单位负责组织验收，并整理形成“电站设备分部调试验收资料”。

（12）机电部（物流中心）收集、整理相关资料，并归档。

（三）分部调试的范围

抽水蓄能电站分部调试项目见表2–1。

表2–1　　抽水蓄能电站分部调试项目

序号	项目名称	序号	项目名称
1	金属结构设备分部调试	（19）	全厂照明系统调试
（1）	上水库进、出水口事故闸门调试	（20）	全厂接地系统检测
（2）	下水库进、出水口尾水检修闸门调试		机组段部分
（3）	尾水洞事故闸门调试	（21）	计算机监控系统调试
2	机电设备分部调试	（22）	继电保护系统调试
	公用系统部分	（23）	发电电压设备调试
（1）	全厂直流系统调试	（24）	静止变频器（SFC）系统调试
（2）	厂用电系统调试	（25）	励磁系统调试
（3）	开关站设备调试	（26）	机组状态监测系统调试
1）	地面GIS设备调试	（27）	故障录波装置调试
2）	地下GIS设备调试	（28）	功角测量及计量系统调试
（4）	厂房渗漏排水系统调试	（29）	调速系统调试
（5）	检修排水系统调试	（30）	进、出水主阀调试
（6）	主变压器空载泵供水系统调试	（31）	主变压器冷却器系统调试
（7）	充水泵系统调试	（32）	主变压器在线监测系统调试
（8）	污水处理设备（油水处理器）调试	（33）	发电电动机及其附属设备调试
（9）	技术供水系统调试（公用部分）	1）	高压油顶起装置调试
（10）	压缩空气系统调试	2）	推力及导轴承油系统调试
（11）	全厂汽轮机油系统调试	3）	机械制动装置调试
（12）	全厂绝缘油系统调试	（34）	发电电动机技术供水系统调试
（13）	水力量测系统调试（电站）	1）	上导冷却水系统调试
（14）	消防及火灾报警系统调试	2）	空冷器冷却水系统调试
（15）	GIS在线监测系统调试	3）	推力轴承冷却水系统调试
（16）	全厂通风空调系统调试	4）	下导冷却水系统调试
（17）	全厂通信系统调试	5）	油雾吸收装置调试
（18）	全厂工业电视系统调试	6）	粉尘吸收装置调试

续表

序号	项　目　名　称	序号	项　目　名　称
7）	发电电动机加热设备调试	11）	调相压水气罐调试
8）	发电电动机消防设备调试	12）	充气压水系统
9）	发电电动机自动化元件调试	13）	排气回水系统
（35）	水泵水轮机及其附属设备调试	14）	尾水管水位测量系统
1）	水泵水轮机技术供水系统调试	15）	水力测量系统调试（水机部分）
2）	技术供水泵调试	16）	尾水管压力
3）	水导轴承冷却水系统调试	17）	转轮压力
4）	迷宫环供水系统调试	18）	蜗壳压力
5）	主轴密封系统调试	19）	压力钢管压力及净水头
6）	主轴工作密封供水系统调试	20）	顶盖排水系统
7）	主轴工作密封供气系统调试（如有）	21）	水泵水轮机自动化元件调试
8）	主轴检修密封供气系统调试	22）	机组蠕动装置调试
9）	水导外循环油系统调试	（36）	其他
10）	调相压水系统调试		

（四）分部调试应具备的条件

（1）分部调试的设备系统安装工作已结束，所需电源、液压源等动力源具备，现场条件满足施工条件。

（2）有关试验或校验工作已完成。

（3）土建工作已结束，设备的二次浇灌已完成，且混凝土已达设计强度。

（4）参加调试设备的保护装置应校验合格，并可投用，对因调试需要而需临时退出或变更的保护装置已办好审批手续。

（5）分部调试的设备及系统已命名、挂牌，并有明显标记。

（6）分部调试所需测试仪器、仪表已配备，并符合计量管理要求。

（7）分部调试设备和系统已与非调试的设备系统可靠隔离。

（8）运维人员已培训合格。

（9）调试方案与作业指导书已向参加调试工作的人员做了技术交底。

（10）调试现场的工作人员已全部到位且分工明确，人员的劳动保护应符合有关规定。

（11）施工承包商已编写调试大纲及调试方案，调试方案已批准。

（五）分部调试结束后的验收

分部调试结束，各项指标达到运行要求后，根据表 2–1，监理单位组织项目建设单位、施工承包商、设备供货商按分部调试方案，对分部调试结果进行验收，参加验收各方应对验收结果提出意见。

分部调试结束后，项目建设单位应组织设计、监理、施工承包商、设备供货商参加质量监督总站对分部调试情况、整套启动调试前条件等进行质量监督检查，并做出评价意见。

（六）检查与监督

1. 调试项目管理的监督与检查

（1）项目建设单位应适时检查调试项目管理情况，行使调试工作的控制权和质量检验权，督促施工承包商严格履行职责，强化调试项目执行的严肃性，确保调试安全。

（2）施工承包商（设备供货商）应按规范和合同要求，完成全部调试项目。分部调试指挥部和监理单位应检查调试项目执行情况，禁止随意增删调试项目。

2. 资料归档

项目建设单位按职责要求收集整理相关资料（开工报告、调试大纲、调试记录、验收报告等），并归档。

思考与练习

1. 调试大纲中主要包括哪几个方面内容？
2. 调试计划的编制要考虑哪几个方面？
3. 电气安全隔离要执行哪些措施？
4. 机组分部调试项目主要包括哪些内容？

模块3　电站受电及机组启动试运行管理（Ⅲ级）

模块描述　本模块介绍抽水蓄能电站受电、启动试运行、涉网试验及性能验收试验时调试组织机构的组成、参与调试各方的职责，以及调试组织的流程，通过流程和要点讲解，能够进行调试的组织工作。

正　文

一、电站受电试验管理

电站受电是指电站初次投运时与电网连接，通过送出线路从电网反送电的过程。电站受电的意义为：

（1）完成系统对电站高压配电装置相序核对及受电试验。

（2）完成系统对主变压器冲击合闸试验。

（3）为厂用电系统提供第二回独立电源，为机组整体调试提供电源保证。

（4）为静止变频器（SFC）调试提供动力电源。

抽水蓄能电站受电工程的启动试运行和工程的竣工验收必须以批准的文件、设计文件、国家及国家电网公司颁发的有关送变电工程建设的现行标准、规范、规程和法规为依据，其质量必须经过电力建设质量监督机构审查认可，否则严禁启动试运行。

（一）调试组织机构

1. 启动验收委员会

抽水蓄能电站送变电工程的启动验收，一般由建设项目法人或省（直辖市、自治区）电力公司主持，由主持单位组织成立工程启动验收委员会（简称启委会）进行工作。

启委会一般由投资方、建设项目法人、省（直辖市、自治区）电力公司有关部门、运行、设计、施工、监理、调试、电网调度、质量监督等有关单位代表组成，必要时可邀请主要设备的制造厂参加。启委会设主任委员 1 名、副主任委员和委员若干名，由建设项目法人与有关部门协调，确定组成人员名单。启委会必须在送变电工程投运前根据工作需要尽早组成并开始工作，直到办理完竣工验收移交生产手续为止。

2. 启动试运行指挥部

启动试运行指挥部一般由建设、调度、调试、运行、施工安装、监理等单位组成。设组长 1 名，副组长若干名。

3. 工程验收检查组

工程验收检查组由建设、运行、设计、监理、施工、质量监督等单位组成。设组长 1 名，副组长若干名。

（二）工作职责

1. 启委会职责

（1）组织并批准成立启委会下设的工作机构。根据需要成立启动试运行指挥部和工程验收检查组，在启委会领导下进行工作。

（2）在启动试运行前审查批准启动调试方案，检查启动调试准备工作；审查工程验收检查组的报告，工程是否已按设计完成，质量是否符合验收规范的要求，交接验收试验是否齐全、合格，安全卫生设施是否同时完成，生产运行准备工作是否就绪；协调工程启动外部条件，决定工程启动试运行时间和其他有关事宜。

（3）在启动试运行后审核启动调试、试运行报告，主持工程移交生产的事宜、办理工程竣工移交手续，决定工程质量评价等级、签署工程启动竣工验收证书和移交生产交接书，决定需要处理的遗留问题（包括内容、要求、负责完成单位和应完成的日期），协调和决定专用工具、备品备件、工程资料移交事宜，部署工程总结、系统调试总结等工作。

2. 启动试运行指挥部主要职责

（1）组织有关单位编制启动调试大纲、方案，按照启委会审定的启动和系统调试方案负责工程启动、调试工作。

（2）对系统调试和试运行中的安全、质量、进度全面负责。

（3）启动试运行指挥部根据工作需要下设调度组、系统调试组、工程配合组，分别负责调度操作、系统调试测试、提出测试报告、在启动前和启动期间进行工程检查和安全设施装置检查、巡视抢修、现场安全等工作。

（4）启动试运行指挥部在工作完成后向启委会报告，并负责出具调试报告。

3. 工程验收检查组主要职责

（1）核查工程质量的预检查报告，组织各专业验收检查，听取各专业验收检查组的验收检查情况汇报，审查验收检查报告，责成有关单位消除缺陷，并进行复查和验收。

（2）确认工程是否符合设计和验收规范要求，是否具备试运行及系统调试条件，核查工程质量监督部门的监督报告，提出工程质量评价的意见，归口协调并监督工程移交和备品备件、专用工器具、工程资料的移交。

4. 参加启动试运行的有关单位的主要职责

（1）项目公司应做好启委会成立之前的准备工作，提供为编制启动调试所需工程设计文件和资料，全面协助启委会做好工程启动试运行全过程的组织管理，检查、协调竣工验收的日常工作。

（2）施工单位应按设计文件、施工及验收规范、有关施工规程、导则和设备的安装及调试要求，完成工程的建筑、安装工作。在启动试运行期间做好设备操作监护、配合、巡视检查、事故处理、试验配合和现场安全、消防、治安保卫、消除缺陷和文明环境等工作；提供工程设备安装调试等有关文件、资料和质量检查报告、试验报告，提供为启动所需的备品备件和专用工器具等，配备参加启动及竣工验收工作的人员和处理故障的手段。

（3）调试承包商应按合同负责编制启动和系统调试大纲、调试方案，报启委会审查批准，在启动前全面检查启动调试系统的安全措施是否齐备，启动调试的条件是否具备；负责组织人员并配备测试手段，完成启动、调试、试运行中的调试、测试工作；提出调试报告和调试总结。

（4）生产运维人员应在工程建设过程中提前介入，以便熟悉设备特性，参与编写或修订运行规程。通过参加竣工验收检查和启动、调试和试运行，运维人员应进一步熟悉操作，摸清设备特性，检查编写的运行规程是否符合实际情况，必要时进行修订。

生产运行单位应在工程启动试运行前完成各项生产准备工作：生产运维人员定岗定编、上岗培训，编制运行规程，建立设备资料档案、运行记录表格，配备各种安全工器具、备品备件和保证安全运行的各种设施；参与编制调试方案和验收大纲；负责接受调度令并进行各项运行操作，与其他有关方面共同处理事故。

（5）设计单位在启动调试期间对出现的问题从设计角度提出解决办法，并配合施工单位提供完整的符合实际的竣工图纸。如合同另有约定，按合同约定执行。

（6）监理单位应按合同进行工程质量检查和启动试运行阶段的监理工作；提供全部监理认可的文件；参与竣工验收检查和启动的工作。

（7）工程质量监督机构应对工程质量进行有效地监督，参加工程启动及竣工验收检查工作，对工程总体质量提出评价意见。

（8）项目公司在工程启动前三个月向电网调度部门提供相关资料和系统情况，提前两周提供实测参数。

（9）电网调度部门根据建设项目法人提供的相关资料和系统情况，经过计算及时提供各种继电保护装置的整定值及各设备的调度编号和名称；根据调试方案编制，并审定启动调度方案和系统运行方式，核查工程启动试运行的通信、调度自动化、保护、电能测量、安全自动装置的情况；审查、批准工程启动试运行申请和可能影响电网安全运行的调整方案；发布操作命令，负责在整个启动调试和试运行期间的系统安全。

（10）设备供应商应按合同要求在启动调试期间做好现场技术服务。

（三）电站受电应具备的条件

电站受电范围包括线路与地面 GIS、高压电缆、地下 GIS、主变压器、高压厂用变压器、SFC 输入变压器。

1. 总体要求

（1）电网经营企业/省电力公司调度已牵头成立电站送出工程启委会，相应组织机构已设置齐全。

（2）项目公司已向电网调度管理部门提交电站受电申请，并报送电站受电方案，取得调度部门同意，调度管理部门已按电站受电方案编制完成调度实施方案。

（3）与电网经营企业的并网调度协议已签订。

（4）调试承包商已编制受电方案，并经启委会批准。

（5）电站受电相关设备的安装及分部调试已完成，并通过验收；输电线路已架设试验完毕，并通过验收，具备相应带电条件。

（6）电站受电相关区域土建工作已完成并通过验收，满足电站受电运行试验要求。

（7）电站受电相关区域消防设备及设施已通过项目公司验收。

（8）电站受电相关部位的物理隔离和电气隔离措施已完成。

（9）生产准备工作满足电站受电要求。

2. 土建工程应具备条件

（1）开关站区域的 GIS 室、继保室、出线场工程土建施工完成，包括上水、下水、暖通、道路、排水沟、区域及出线场围墙/栏、大门及门卫值班室、电缆沟及盖板、室外照明等项目内容，区域内环保设施、水保绿化项目施工完成，并通过验收签证，具备使用条件。

（2）高压电缆出线洞/斜井土建结构施工完成，包括隔墙及隔断墙砌筑、粉刷、地面及踏步、排水沟、照明、防火门等项目内容，并通过验收签证，具备使用条件。

（3）主、副厂房各层与电站受电相关的设备房间，包括主变洞、厂变室、SFC 输入输出变室、高低压配电室、地下 GIS 层、电抗器室、启动母线廊道、蓄电池室及电缆夹层、区域内的楼梯、通道等部位，各房间的建筑装修、门窗安装、照明、孔洞及沟道盖板、排水沟、防护栏杆安装等施工完成，并通过验收签证，具备使用条件。

（4）开关站，地下主、副厂房各层与电站受电及运行相关的设备房间、区域门禁系统已形成。

（5）地下控制室已完成，并投运。

（6）相关操作和检修平台搭建完成。

3. 机电系统应具备条件

（1）高压系统。

1）地面和地下 GIS 安装及调试完成，并通过验收。

2）地面和地下 GIS 现地控制柜安装、电缆敷设及调试完成，并通过验收。

3）户外避雷器、CVT 单体安装及调试完成，并通过验收。

4）高压电缆或 GIL 安装调试完成，并通过验收。

5）主变压器本体及附属设备安装及调试完成，投产前的各项试验合格，具备受电条件。

6）主变压器冷却水系统调试完成，具备投入使用条件。

（2）厂用电系统。

1）与电站受电相关的厂用变压器及其配电装置已安装调试完成，并通过验收。

2）10kV 厂用电系统一次设备试验全部完成，并通过验收。

3）10kV 厂用电系统保护装置的静态调试及保护传动试验应满足要求；10kV 厂用电系统的闭锁试验符合设计要求。

4）400V 全厂公用电、中控楼配电系统、主变洞配电系统、开关站配电系统设备安装试验完成，并投入正常运行。

5）与电站受电相关的 10kV 和 400V 厂用电系统备自投试验符合设计要求。

（3）相关的发电机电压设备。

1）与电站受电相关的离相封闭母线（主母线、启动母线及厂用分支母线等）及其附属设备（TA 柜、TV 柜、避雷器柜、励磁变压器柜、干燥装置等）安装完成，通过验收和预调试。

2）与电站受电相关的发电机断路器、换相隔离开关、电制动开关、隔离开关和接地开关等已安装并验收、调试合格。

3）与电站受电相关的 SFC 及启动回路设备安装完成，通过检查和验收。

4. 继电保护系统

（1）短线保护、线路保护、断路器保护及变压器保护等装置安装及电缆敷设、连接完成；保护装置单体及整组试验完成。

（2）与电站受电相关设备的一次通流试验和一次加压试验已完成，所有 TA 极性的正确性已通过功能验证，所有 TV 相序检查已完成。

（3）线路保护通道对调结束，双侧调试完成，保护定值已按照调度要求设定。

（4）保护管理机、保护及故障信息管理子站及调试完成。

5. 其他电气一次系统

（1）地下厂房、开关站、中控楼 220V 直流系统设备安装调试完毕，并投入正常运行。

（2）全厂接地网和设备接地已安装检验合格，接地电阻及接触、跨步电势满足设计及规范的要求。

（3）地下厂房与电站受电相关区域、地面开关站、中控楼等相关部位的照明系统已安装检验合格，并投入运行。

6. 其他电气二次系统及回路

（1）计算机监控系统站级及电站受电相关现地控制单元（LCU）已安装调试合格，

对现地设备的控制符合设计要求，输入输出正确。

（2）主变洞计算机监控现地控制单元与 SFC、启动母线隔离开关和接地开关、地下 GIS 设备、厂用电系统及其他公用系统之间的监视、控制，以及闭锁回路功能调试完成，画面显示正确。

（3）中控楼计算机监控现地控制单元与模拟屏、厂用电系统及其他中控楼设备之间的监视、控制及闭锁回路功能调试完成，画面显示正确。

（4）所有 TA 极性的正确性已通过功能验证，所有 TV 相序检查已完成。

（5）电站受电各装置动作值已按系统保护定值进行整定，并模拟动作至相关出口设备。

（6）故障录波系统安装调试合格。

（7）电气测量系统安装调试合格。

（8）电能计费系统安装调试合格。

（9）相关在线监测系统（主变压器、GIS 及 SF_6 泄漏报警装置等）安装调试完成。

7. 辅助系统

（1）与电站受电相关的技术供水系统已安装调试完成，处于正常工作状态；与其他部位贯通的管路如果没有安装完成应可靠隔断。

（2）与电站受电相关的技术供水和消防用水已有可靠保证。

8. 消防系统

（1）与电站受电有关的主、副厂房，开关站，中控楼等部位的消防设施已安装完毕，符合设计与规范要求，并通过项目公司验收。

（2）继保室、中控楼等部位的气体灭火系统已安装完毕，调试检验合格。

（3）主变室及 SFC 输入输出变压器室的水喷雾灭火系统、高压电缆等的细水雾灭火系统已安装完毕，调试检验合格。

（4）相关部位区域火灾报警与联动控制系统已安装调试合格。

（5）全厂消防供水系统水源可靠，管道畅通，压力满足设计要求；与其他区域之间的管路已可靠隔断。

（6）相关防火封堵工程施工完毕，并通过验收。

（7）电站受电及运行期间需要的临时性灭火器具配置已完成。

9. 通风空调系统

（1）电站受电相关区域的通风空调设备安装完毕、调试合格，并已投入运行。

（2）受电母线洞总排风机能投入运行。

（3）主变洞及与受电相关部位（主变室、SFC 变压器室、高压厂变室、高压电缆出线洞等处）的送排风系统能投入运行。GIS 层 SF_6 排风系统可以投入运行。

（4）通风兼安全洞排风机能投入正常运行。

（5）相关场所的防火排烟系统（包括主厂房、主变洞、副厂房楼梯间及前室排烟系统，以及相关防火风口及排烟阀等）具备投运条件。

（6）与受电相关部位应根据现场情况设置必要的干燥除湿装置。

10. 通信及工业电视系统

（1）系统通信、厂内通信装置已安装调试合格，可满足电网调度、远动、继电保护及厂内生产调度需要。

（2）与电站受电部位相关的工业电视监视系统调试完毕。

11. 电站生产准备工作

（1）与电站受电有关的设备、场地已清理干净，并经检查验收合格。施工区域与运行区域已作隔离。

（2）高压带电设备区域悬挂警示牌，并已做好安全围栏；一次设备、二次回路及公用系统已做好必要的隔离措施。具体隔离措施要根据不同的区域和要求进行，满足电站受电及运行要求。

（3）电站受电运行区域场地整洁、道路畅通、照明充足、楼梯栏杆齐全、安全指示牌明显，孔洞已加装盖板或装设栏杆。

（4）电站受电各部位与指挥机构的通信、联络畅通、可靠。与电网调度的调度通信已调试完成，并投入使用。

（5）设备已按照调度编号命名、挂牌，安全及隔离标示、标记已到位。受电设备的永久标识配备齐全，命名、编号准确，电气设备的相色漆正确，开关、闸刀的操作方向和位置已标明。

（6）所有受电运行所需的仪器、安全用具、工器具已备齐，并经验收合格；所需的仪表、装置已校验合格。

（7）电站运维人员已培训上岗，有关的图纸、资料配备完整，操作票、工作票、相关记录表格已准备齐全，运行规程编制已完成。

（8）事故备用电源可靠。

（9）已编制有关应急预案及现场处置方案，完成触电急救、火灾紧急逃生等应急演练。

（10）与电网的供电协议、调度协议已签订，电网调度机构已批复同意上报的电站受电方案和计划。

（11）按照合同规定有关的技术资料、调试资料、随机备品和工具等已全部移交，并签证。

（12）治安保卫人员已上岗。

12. 质量验收与监督

（1）电站受电设备已通过电力建设质量监督总站（或中心站）的质量监督活动。

（2）与受电有关的设备已完成单元验收、分部验收及单位工程验收。

（3）压力容器及相关压力管路、安全阀等在投入使用前已通过当地技术监督部门的检测和验收。

（四）工作程序

1. 成立启委会

在电站受电启动试运行前成立，并开始工作。

2. 成立试运行指挥部

启委会成立后，应立即组织成立试运行指挥部，试运行指挥部在启委会的领导下工作。

3. 质量监督

电站受电启动试运行前，应邀请电力建设质量监督机构（质量监督总站或中心站）对相关机电设备的质量进行监督，并提出质量监督报告。

4. 召开启委会会议

开关站设备分部调试完成且进行了质量监督活动后，试运行指挥部可以申请启委会召开第一次会议，听取各有关单位、电力建设质量监督总站（或中心站）和试运行指挥部的工作汇报、现场检查，审议、批准电站受电启动试运行大纲，并确定进入启动试运行阶段的时间。

5. 开始启动试运行

启委会确认工程已具备带电启动条件后，由启委会下达工程启动带电运行命令，按批准的调试方案和调度方案进行系统调试直至完成。

6. 开关站的启动试运行

启动试运行按照启动试运行方案和系统调试大纲进行，系统调试完成后经连续带电试运行时间不应少于 24h。对新主变压器进行 5 次空载冲击合闸试验（如在系统调试时已经进行，则此时不必重复进行），变电站的启动试运行宣告结束。送电线路的启动试运行在系统调试完成后经连续带电试运行时间不少于 24h，并对线路以额定电压冲击合闸 3 次（如冲击合闸在系统调试时已做，试运行不必重复进行），线路的启动试运行宣告结束。

7. 启委会会议

试运行完成后，如发现开关站和线路仍存在缺陷和异常情况，要组织人员进行消缺处理，并记录在案。

（五）受电试验组织措施和安全保证措施

（1）所有参与试验人员必须严格遵守工作纪律，服从命令听指挥，按照工作安排及时到岗，不得无故缺勤与迟到早退。

（2）试验期间，每日召开专题碰头会，落实当日试验安排。

（3）每项试验开始前，应按照调度要求由运维负责人提前上报试验计划，确保试验按时完成。

（4）所有操作必须得到受电试验总指挥的批准，省调设备的操作必须同时得到中调的批准，严禁私自操作设备。

（5）受电操作严格执行工作票与操作票制度，所有受电操作必须按照程序逐项进行。

（6）受电设备必须按照编号挂牌，操作时应核对无误后方可操作。

（7）做好带电与非带电设备之间的隔离，非带电一侧必须可靠接地，禁止操作的开关设备必须挂警示牌，必要时切除其操作电源。尤其是离相封闭母线受电时，必须确保发电机侧的安全隔离。

（8）做好受电区域的隔离与警示，试验现场设置安全围栏，悬挂标示牌，无关人员不得进入试验现场。

（9）除永久消防设施投运外，受电设备周围还需配备必要的灭火设施。

（10）受电现场通道必须畅通，照明充足，通信畅通。

（11）试验工作应严格遵守《电力安全工作规程　第 1 部分：变电部分》（Q/GDW 1799.1—2013）、《电力安全工作规程　第 3 部分：水电厂动力部分》（Q/GDW 1799.3—2013）和《继电保护及电网安全自动装置现场工作保安规定》（国家电网科〔2009〕572）等的各项规定。

（12）试验所用导线、接地线应符合绝缘、截面和机械强度等方面的要求，现场引线布置保持整齐，并做适当固定。

（13）所有拆、接、改线工作应在做好设备停电、验电、接地等安全措施，经复核正确无误并许可后方能进行。

（14）试验完成后，按"谁接谁拆除"的原则拆除所有试验接线，恢复设备正常连接，并经检查确保正确无误。

（15）置于户外的测试设备应提前采取防雨、防潮设施。

（16）试验人员进入现场必须穿绝缘鞋，戴安全帽，戴绝缘手套（必要时）；测试现场放好绝缘垫。

（17）受电过程中，各方人员必须坚守工作岗位，服从命令，加强观察与巡视，发现异常情况立即汇报。

（六）受电设备验收

（1）受电设备验收检查是在施工单位进行三级自检的基础上，由监理单位进行初检。初检后由项目建设单位会同运行、设计等单位进行预检。预检后由启委会工程验收检查组进行全面的检查和核查，必要时进行抽查和复查，并将结果向启委会报告。

（2）电力建设监督站按职责对重点监督项目进行监督检查，出具质量监督报告，并向电力建设质量中心站提出质量监督检查申请，由电力建设质量中心站实施工程质量监督检查，对工程总体质量做出评价意见，出具质量监督检查报告。

（3）每次检查中发现的问题在每个阶段中加以消缺，消缺之后要重新检查。工程启动之前，启委会要对工程质量是否具备启动条件做出决定，在启动进行调试和试运行期间出现的问题要责令消除，对工程遗留问题启委会还要逐一记录在案，明确限期完成的单位和完成的日期。

（七）受电设备移交代保管

（1）受电设备完成启动、调试、试运行和竣工验收检查后，由启委会决定办理工程向生产运行单位移交。受电设备在正式移交前，试运行后，工程由启委会明确由生产运行单位负责运行管理，变电站和线路的安全保卫工作即由生产运行单位负责。代管设备的要求如下。

1）要求代管的设备必须是各项试验完整，数据齐全，且设备运行正常，符合代管要求。

2）代管范围室内要求照明、通风、消防器具齐全，门窗完整，并可以上锁。

3）代管的配电室房间必须上锁，钥匙必须完全移交给代管方。

4）设备一经代管后，就纳入生产单位的运行管理范围，任何与生产无关的人员不得擅自入内。

5）若在代管设备上工作或消除缺陷，必须办理工作票，工作许可人为代管方。

6）代管后的设备由生产单位负责对代管设备及系统的正常运行进行监视和管理，按运行操作规程进行操作。做好各项运行记录，并对误操作和维护失职承担责任。

7）施工单位严格按照生产单位的规章制度执行工作票制度，在代管设备上工作时应办理工作票，相应的安全措施由运行单位办理。

8）运行人员日常检查出的各种缺陷，属于施工缺陷的由施工单位消缺处理，属于设计和设备缺陷的由项目建设单位负责联系设计、厂家，施工单位负责配合工作。

（2）受电设备的移交由启委会办理启动竣工验收证书，按证书的内容，签订启委会鉴定书和移交生产运行交接书，列出遗留问题处理清单，明确移交的设备范围、专用工器具、备品备件和工程资料清单。

（3）工程资料的移交。

1）施工单位在试运行后 1 个月内移交完毕。工程启动带电前需移交的部分应提前移交。施工单位移交的资料由建设项目法人（建设单位）根据需要向有关单位分发。移交的资料包括设计文件、设计变更、电缆清册、设备产品资料、合格证、工厂产品试验检验记录、工程材料质量证明及检验记录、工程质量检查及缺陷处理记录、隐蔽工程检查记录、设备安装调试记录、试验报告、由施工单位负责办理的全部协议文件等，并由施工单位提供竣工图纸（设计单位配合，如合同另有约定，按合同约定执行）。

2）工程监理单位在试运行完成后 1 个月内移交全部监理认可文件。

3）系统调试承包商在试运行完成后 1 个月内提供系统调试方案、调试报告和试运行报告。

4）设备监造单位提交全部监造工作报告和有关文件。

5）按国家和电力行业规定，在工程竣工验收后应将整个工程有关资料建立工程档案。

二、机组启动试运行管理

机组启动试运行是指机组完成设备分部调试后、投产前所进行的一系列试验过程，包括水泵工况启动试验、水轮机工况启动试验、甩负荷试验、各种工况转换试验、15 天考核试运行等。

（一）调试组织机构

1. 机组启委会

机组启委会一般由项目法人会同电网经营管理单位共同组织，并邀请省级发展改革委、能源主管部门，相关部门、项目法人所属计划单列企业集团、有关单位和专家参加。验收委员会主任委员、副主任委员由项目法人与电网经营管理单位协商确定，但副主任委员应包括省级发展改革委、能源主管部门、国家能源主管部门派出机构。启委会必须在首台机组启动试运行前成立并开始工作，全厂所有机组的“启动验收鉴定书”签署后完成工作。启委会下设试运行指挥部。必要时，验收委员会下设专家组，专家组由技术主持单位组织，承担技术预验收工作和验收委员会授权的工作。

2. 试运行指挥部

试运行指挥部设总指挥和副总指挥。试运行指挥部总指挥一名，一般由项目建设单位主要负责人担任；副总指挥若干名，一般由项目建设、机电安装（施工）、调试、设计、监理、主机设备制造等有关单位的相关负责人担任。总指挥和副总指挥由项目建设单位与各有关单位协商后提出任职人员名单，上报机组启委会批准。试运行指挥部在机组启动试运行之前组成，并在启委会的领导下开始工作，机组的“启动验收鉴定书”签署后完成工作。

试运行指挥部下设（不局限于）启动调试组、验收检查组、生产准备组、综合组。根据工作需要，各组可下设若干个专业组。各组及专业组的人员一般由试运行指挥部总指挥与有关单位协商任命，并上报机组启委会备案。

3. 启动调试组

一般由调试、机电安装、项目建设、设计、监理、制造厂等有关单位的代表组成。设组长一名，副组长若干名，组长一般由调试承包商出任的副总指挥兼任。

4. 验收检查组

一般由项目建设、施工、设计、监理等有关单位的代表组成。设组长一名、副组长若干名。组长一般由项目建设单位出任的副总指挥兼任。

5. 生产准备组

一般由项目建设、施工、调试、设计、监理等有关单位的代表组成，主要设备制造厂应派员参加。设组长一名、副组长若干名。组长一般由运行单位出任的副总指挥兼任。

6. 综合组

一般由项目单位、施工等有关单位的代表组成。设组长一名、副组长若干名。其主要职责是负责试运行指挥部的文秘、资料和后勤服务等综合管理工作；发布试运行信息；核查、协调试运行现场的安全、消防和治安保卫工作等。

（二）工作职责

1. 机组启委会

启委会应在每台机组启动前，通过现场检查和听取试运行指挥部及有关单位关于机组启动准备情况的汇报、听取专家组的咨询意见、确定机组是否具备进入启动试运行阶段的条件；协调启动试运行的外部条件；审查及批准机组启动试运行试验大纲；确定启动的时间和其他有关问题。在机组完成启动试运行后，审议试运行指挥部有关机组启动试运行工作和交接验收的汇报、确定移交验收的工程项目清单、确定机组是否满足投入商业运行的条件及签署机组“启动验收鉴定书”。

2. 试运行指挥部

试运行指挥部主要职责为提出机组启动试运行大纲；全面组织、指挥和协调机组启动试运行工作；对启动试运行中的技术、安全、质量、进度等全面负责；在启委会主任委员的领导下，筹备启委会会议；启委会闭会期间，代表启委会主持启动试运行的常务指挥工作；协调解决启动试运行中的重大问题；组织、领导、检查和协调试运行指挥部各组及各阶段的交接验收工作。

3. 启动调试组

负责核实机组启动试运行应具备的条件；提出启动试运行的计划；负责组织编写，并实施启动试运行方案和措施；全面负责启动调试的现场指挥和具体协调工作。

4. 验收检查组

负责建筑与安装工程施工和启动试运行的质量验收及评定结果、安装调试记录、图纸资料和技术文件的核查和交接工作；协调设备材料、备品备件、专用仪器和专用工具的清点移交工作等。

5. 生产准备组

负责核查生产准备工作，包括运行和检修人员的配备、培训情况，所需的规程、制度、系统图表、记录表格、安全用具等配备情况，负责组织协调消缺和实施未完项目等。

6. 综合组

负责试运行指挥部的文秘、资料和后勤服务等综合管理工作；发布试运行信息；核查、协调试运行现场的安全、消防和治安保卫工作等。

（三）机组启动试运行前应具备的条件

1. 总体要求

（1）机组启委会、现场试运行指挥部已按要求成立，相应组织机构已设置完成。

（2）机组启动试运行试验大纲已编制审批完成，并提交相应的调度管理部门备案。

（3）电站及相关设备的受电工作已完成，机旁盘相关设备已带电。

（4）机组启动试运行相关设备的分部调试已按《抽水蓄能电站调试（试验）项目管理标准（试行）》要求完成。

（5）上、下水库已通过蓄水验收，输水系统充排水试验完成，并通过验收，具备过流条件。

（6）机组启动试运行相关区域土建工作完成，并通过验收，满足机组启动试运行试验要求。

（7）机组启动试运行相关区域及公用系统（含 500/220kV 系统）已通过消防部门验收或许可。

（8）生产准备工作满足机组启动试运行要求。

（9）与启动试运行相关的反恐怖物防设施已完成并通过验收，包括上、下水库进、出水口启闭机房周界、各主要出入口、施工支洞金属防护门、围墙或栅栏等。

2. 土建（含金属结构）工程应具备条件

（1）上、下水库。

1）上、下水库主副坝工程。坝及库盆施工完成并通过验收，完成主、副坝及坝顶工程施工，完成坝顶防浪墙、路面结构及排水沟施工。

2）上、下水库库岸工程。库岸护坡项目及面板混凝土浇筑完成，并通过验收；完成库岸公路的路面工程及路缘结构施工，完成安全防护设施和排水沟施工。

3）上、下水库蓄水安全鉴定和工程蓄水验收。通过上、下水库蓄水安全鉴定和工程蓄水验收，蓄水量满足机组运行调试所需的库容。

（2）输水系统。

1）引水系统。引水隧道混凝土衬砌、钢衬、高压岔管施工或安装完成，灌浆、堵头封堵等工作完成，充排水试验已完成，完成后续处理工作并通过验收，水道系统已清理干净。

上水库进、出水口启闭机房及辅助用房施工完成，包括地基与结构，建筑与装修，上、下水，照明及其他室外附属工程等项目，通过验收并具备使用条件；上水库进、出水口拦污栅和事故、检修闸门及其操作系统等安装、调试完成，并通过验收。

2）尾水系统。尾水隧道混凝土衬砌、尾水岔管、灌浆、堵头封堵等工作完成，系统充排水试验已完成，完成后续处理工作并通过验收，水道系统已清理干净。

下水库进、出水口启闭机房及辅助用房，包括地基与结构，建筑与装修，上、下水，照明及其他室外附属工程等项目通过验收，并具备使用条件。下水库进、出水口拦污栅和事故、检修闸门及其操作系统等安装、调试完成，并通过验收。

3）引水、尾水调压室。与启动试运行机组有关的引水、尾水调压室土建工程施工完成，包括地面、栏杆、爬梯、大门、照明等项目内容。

（3）厂房部分。

1）主厂房：启动试运行机组段结构混凝土全部完成，地面、墙面、顶棚、楼梯及栏杆、上下水、沟道及孔洞盖板等施工完成，主厂房顶拱网架安装完成，并通过验收。

2）副厂房：结构混凝土全部完成，地面、墙面、顶棚、楼梯、栏杆及防火门、排水管、孔洞盖板等施工完成。

3）主变洞：启动试运行机组段结构混凝土全部完成，地面、墙面、顶棚、楼梯、栏杆及防火门、上下水、沟道及孔洞盖板等施工完成。

4）变副厂房：结构混凝土全部完成，地面、墙面、顶棚、楼梯、栏杆及防火门、排水管、孔洞盖板等施工完成。

5）中控楼：包括地基与结构，建筑与装修，上、下水，照明及其他室外附属工程等项目完成并通过验收，具备使用条件。

6）母线廊道：启动试运行机组相关母线廊道结构混凝土全部完成。

7）尾闸洞：启动试运行机组相关尾闸洞内土建、金属结构施工完成。

8）高压电缆出线洞、斜井土建结构施工完成。

9）进厂交通洞、通风兼安全洞：包括路面、排水沟及盖板、砖砌隔墙等项目全部完成。

10）排风竖井及公用通道：地面、墙面、楼梯、顶棚、栏杆及防火门安装等施工完成。

11）厂房排水廊道、自流排水洞：包括排水孔和帷幕灌浆等全部完成。

12）交通电缆沟道施工完成，主要包括：① 副厂房至主变洞的电缆通道；② 主变洞至尾闸室的电缆通道；③ 上、下水库电缆沟及盖板；④ 开关站区域电缆沟及盖板；⑤ 中控楼区域电缆沟及盖板。

13）渗漏集水井结构施工完成，栏杆、盖板、爬梯等安装完成。

14）启动试运行机组段各层（含相关楼梯、过道等）地面地砖铺设、墙面砌体及装修工作已完成；排水管、孔洞封堵、防护栏杆安装已完成。

15）主、副厂房各层与机组启动试运行相关的设备房间、区域门禁系统已形成。

16）主、副厂房电梯安装调试完成，通过验收取证并投入使用。

17）启动试运行机组段的相关操作或检修平台搭建完成。

（4）观测部分。

1）输水系统，包括上水库闸门井、引水隧道、引水岔管、引水调压室、尾水隧道、尾水岔管、尾水调压室、排水系统等部位的安全监测仪器埋设完成、通过验收并投入使用。

2）地下厂房围岩变形和支护结构监测、外水压力观测、岩壁吊车梁的观测、厂房蜗壳观测仪器埋设完成、通过验收，并投入使用。

3. 机电设备各系统应具备条件

（1）水泵水轮机及其附属设备。

1）水泵水轮机及其所有部件已安装完成，并通过验收。

2）水导轴承及其润滑冷却系统安装完成，并通过验收。

3）主轴密封包括其检修密封及辅助的供水、供气系统等安装完成，并通过验收。

4）上、下迷宫环及其供水系统安装完成，并通过验收。

5）导水机构、接力器及其控制系统安装完成，并通过验收。

6）水泵水轮机自动化元件安装完成，并通过验收。

7）大轴蠕动监测装置安装完成，并通过验收。

8）顶盖排水系统安装完成，并通过验收。

9）调相压气系统已安装完成，各阀门开关时间已记录，尾水水位浮子安装高程满足设计要求，调相压水系统已通过验收。

10）水泵水轮机及其附属设备的相关自动化元件已按整定清单整定完毕，并通过验收。

（2）球阀及其控制系统。

1）与启动试运行机组有关的球阀及其液压操作系统等辅助设备已安装完成，并通过无水调试和功能调试。

2）与启动试运行机组有关的球阀检修密封和工作密封处于全关位置、锁锭装置投入，球阀排水阀处于开的位置。

3）启动试运行机组有关的球阀液压操作部分和电气控制部分联调已完成；球阀和机组 LCU 联调完成，球阀具备现地手动、自动开启和关闭功能；球阀具备事故关球阀功能。

球阀与相关事故闸门、导叶的联闭锁试验完成。

（3）调速器及其控制系统。

1）调速器及其控制系统已安装完成，并通过验收。

2）油压装置油泵在工作压力下运行正常。高压补气装置手动、自动操作时动作正确。

3）漏油装置手动、自动调试合格。

4）调速器锁定装置调试合格，并处于锁定状态。

5）测速装置安装完毕，并检验合格。

6）调速器完成静态模拟试验，静态模拟试验结果满足设计要求。

（4）发电电动机及其附属设备。

1）发电电动机及其附属设备安装完毕，试验和验收合格。

2）发电机风罩以内所有阀门、管路、接头、电磁阀、变送器等均已检查合格，处于正常工作状态。

3）发电机转子碳刷与集电环接触良好，并调试合格。

4）发电电动机及其附属设备的监测系统和自动化元件安装完成，自动化元件已按整定清单整定完毕，并通过验收。

5）发电电动机推力、上导、下导轴承安装调试完成，经检验工作正常。

6）推力轴承的高压油顶起系统、电气制动及机械制动系统安装完成，通过检查和预调试。

7）发电机空冷器、轴承系统的润滑系统和冷却系统安装完成，通过预调试。

8）机坑加热器已安装完成，并已通过验收。

9）轴电流检测装置已安装完成，并已通过验收。

10）粉尘吸收装置已安装完成，并已通过验收。

11）发电机吸油雾装置安装完成，并已通过验收。

（5）水力机械辅助系统。

1）启动试运行机组段的机组技术供水系统和全厂供水系统已安装调试完成，处于正常工作状态；与其他机组段贯通的管路如果没有安装完成应可靠隔断。

2）机组检修排水系统已安装调试完成，处于正常工作状态；厂内渗漏排水系统运行可靠，排水泵可根据集水井水位高低自动启停。

3）全厂汽轮机油、绝缘油系统已投入运行部分能满足机组供油、用油和排油的需要。用于全厂液压操作的公用油压装置已调试检验合格，并投入运行；与其他机组段贯通的管路如果没有安装完成应可靠隔断。

4）电站压气系统已安装调试完成，处于正常工作状态；各表计、安全阀、减压阀等工作正常，整定值符合设计要求，处于正常投运状态。与其他机组段贯通的管路如果没有安装完成应可靠隔断。

5）机组调相运行供气、自动化元件及系统均已检验合格，补气量及压力均能满足压水和调相运行的要求。

6）各管路、附属设备已涂漆，并标明介质流向；各阀门已标明开关方向，挂牌编号。

7）机组水力量测系统及与启动试运行机组有关的上、下水库的水力量测系统设备安装调试合格并投入运行。

8）压力容器的安全阀应已经过有资质校验的单位校验通过。

9）各系统阀门按设计要求处于开启或关闭状态；各系统管路螺栓均已按设计要求力矩紧固完成；启动试运行机组与其他机组的相关系统隔离工作已完成。

（6）励磁系统。

1）励磁系统安装完成，通过检查和预调试。

2）励磁变压器与高、低压端接线及电缆、励磁系统盘柜、功率柜通风、交直流灭磁开关主触头、励磁操作保护及信号等应接线正确，通风良好，各设备动作灵活可靠。

3）在机组静止状态下励磁调节器的检查和试验合格，向转子通入初始励磁电流，录取从零至设定值的电流波形。调节开环特性符合设计规定，通道切换可靠、表计校验合格。

4）励磁控制器的现地和远方操作及切换符合设计要求。手、自动励磁调节通道静态调试符合要求。

5）灭磁开关动作可靠，性能良好。

6）励磁装置外接小电流负载，手动递升加压，检查励磁系统的静特性应良好。

7）励磁系统已带过转子通流，与机组监控系统、SFC 系统、继电保护系统联动试验已完成，动作正确可靠。

（7）SFC 系统。

1）SFC 及启动回路设备安装完成，通过检查和验收。

2）SFC 输入输出变压器、盘柜、输入输出断路器、电抗器、高压电缆等设备已安装完成，常规试验合格，接线正确。

3）冷却系统安装调试合格。

4）SFC 系统控制及保护装置已初步调试合格。SFC 短路试验已完成，整流桥、逆变桥波形完整，变频器脉冲运行逻辑控制程序和换流逻辑功能符合设计要求，电压、频率调节平滑。

5）SFC 与励磁系统的通信与控制回路正常，给定励磁电流与响应反馈信号正确。SFC 与监控系统、励磁系统、继电保护系统联动试验完成，动作可靠。

（8）机组状态监测系统。

1）启动试运行机组状态监测系统上位机的监测和服务器安装调试完成，并通过功能验收。

2）启动试运行机组状态监测系统下位机监测软件及画面编辑安装调试完成。

3）启动试运行机组下位机的各个通道和传感器的标定完成。

4）启动试运行机组振动、摆度等传感器输出信号调试完成，并输出正确。

（9）电气一次系统。

1）与启动试运行机组有关的高压配电装置（地面 GIS、地下 GIS、500/220kV 电缆等）安装及相关调试完成，并实现电站受电。

2）主变压器已安装完工，检查试验合格，并已从系统倒送电。

3）厂用电系统已投入；备用电源及自动投入装置已检验合格，工作正常。

4）发电机主引出线、电流互感器等设备已安装完成检验合格；中性点引出线及中性点设备均已安装完成检验合格。

5）发电机断路器、换相隔离开关、电制动开关、隔离开关和接地开关等已安装，并检验合格。

6）离相封闭母线及其附属设备（TV 柜、避雷器柜、微正压系统等）安装完成，通过检查和预调试。

7）启动试运行相关高压设备开关、刀闸及接地开关间的重要闭锁工作可靠。

8）0.4kV 全厂公用电、启动试运行机组的自用电、主变洞配电、开关站配电系统设备安装试验完成，并投入正常运行。

9）地下厂房、上水库、开关站、下水库、中控楼直流系统设备安装调试完毕，并投入正常运行。

10）全厂接地网和设备接地已安装检验合格，接地电阻及接触、跨步电势满足设计及规范的要求。

11）主厂房、启动试运行机组段、副厂房、主变洞、尾闸洞、地面开关站、进厂交通洞、通风兼安全洞等相关部位的照明系统已安装检验合格，并投入运行。

（10）电气二次系统及回路。

1）计算机监控系统站级及启动试运行机组相关现地控制单元（LCU）已安装调试合格，对现地设备的控制符合设计要求，输入输出正确。

2）主变洞计算机监控现地控制单元与 SFC、机组计算机监控现地控制单元、启动母线隔离开关和接地开关、地下 GIS 设备、厂用电系统及其他公用系统之间的监视、控制及闭锁回路功能调试完成，画面显示正确。

3）下水库计算机监控现地控制单元与下水库闸门控制系统、下水库水力量测系统、厂用电系统，以及其他下水库设备之间的监视、控制及闭锁回路功能调试完成，画面显示正确。

4）上水库计算机监控现地控制单元与上水库闸门控制系统、上水库水力量测系统、厂用电系统，以及其他上水库设备之间的监视、控制及闭锁回路功能调试完成，画面显示正确。

5）中控楼计算机监控现地控制单元与模拟屏、厂用电系统及其他中控楼设备之间的监视、控制及闭锁回路功能调试完成，画面显示正确。

6）机组自动控制与水机保护回路正确，机械事故紧急停机、电气事故紧急停机、水淹厂房等硬布线回路已完成调试。不同工况下的自动开停机、事故停机等试验已模拟完毕，并实际动作至导叶，流程正确，动作可靠。

7）机组一次通流试验和一次加压试验已完成，所有 TA 极性的正确性已通过功能验证，所有 TV 相序检查已完成。

8）启动试运行机组发电机–变压器组保护已分系统调试合格，各装置动作值已按系统保护定值进行整定，并模拟动作至相关出口设备；机组振摆保护装置已投入。

9）同期装置、机组和线路故障录波系统安装调试合格。

10）电气测量系统安装调试合格。

11）电能计费系统安装调试合格。

（11）消防系统。

1）与启动试运行机组启动有关的主副厂房、GIS 室、主变室等部位的消防设施已安装完工，符合设计与规范要求，并通过消防部门验收或许可。

2）发电机灭火系统已安装完工，调试检验合格。

3）SFC 水喷雾灭火系统已安装完工，调试检验合格。

4）相关部位区域火灾报警与联动控制系统已安装调试合格。

5）全厂消防供水系统水源可靠、管道畅通，压力满足设计要求；与其他机组段之间的管路应可靠隔断。

6）防火封堵工程施工完毕。

7）机组启动试运行期间要求的临时性灭火器具配置已完成。

8）消防站建设完成（如有），消防队伍组建完成。

（12）通风空调系统。

1）启动试运行机组段各层空调通风设备安装完毕、调试合格，并已投入运行。

2）副厂房各层通风系统能投入运行。

3）母线洞总排风机能投入运行。

4）主变洞与启动试运行机组启动运行相关部位（主变室、SFC 变压器室、高压厂变室等处）的送排风系统能投入运行。

5）通风兼安全洞口风排风机能投入正常运行。

6）上、下水库进出口启闭机房通风空调系统能投入运行。

7）相关场所的防火排烟系统（包括主厂房、主变洞、副厂房楼梯间及前室排烟系统，以及相关防火风口及排烟阀等）具备投运条件。

8）与启动试运行机组相关部位应根据现场情况设置必要的干燥除湿装置。

（13）通信及工业电视系统。

1）系统通信、厂内通信装置已安装调试合格，满足电网调度、远动、继电保护及厂内生产调度需要。

2）与启动试运行机组启动相关的工业电视监视系统调试完毕。

4. 电站生产准备工作

（1）与机组启动试运行有关的水工、金属结构、机电等设备、场地已清理干净，并经检查验收合格。

（2）启动试运行机组、运行机组和在建机组已可靠隔离；高压带电设备区域悬挂警示牌并已做好安全围栏，一次设备、二次回路已做好必要的隔离措施。具体隔离措施要根据不同的区域和要求进行，满足机组启动试运行。

（3）启动试运行机组油、水、气系统与安装区域的隔离工作已完成。

（4）机组启动试运行区域场地整洁、道路畅通、照明充足、楼梯栏杆齐全、安全指示牌明显，孔洞已加装盖板或装设栏杆。

（5）启动试运行机组各部位及指挥机构的通信、联络畅通、可靠。与电网调度的调度通信已调试完成，并投入使用。

（6）试运行设备按照调度编号命名、挂牌完成，安全及隔离标识、标记已到位。设备的永久标识配备齐全，命名、编号准确，电气设备的相色漆正确，开关、闸刀的操作方向和位置已标明。

（7）所有试运行所需的仪器、安全用具、工器具已备齐，并经验收合格；所需的仪表、装置已通过校验合格。

（8）电站运维人员已培训上岗，与试运行有关的图纸、资料配备完整，操作票、工作票、相关记录表格已准备齐全，运行规程编制已完成。

（9）电站已完成水淹厂房、紧急逃生及全厂失电等反事故演习，并编写了科学有效的应急预案，且配置有足够的急救用品配置，并对运维人员进行了必要的急救措施培训。

（10）与电网的供电协议、调度协议已签订，电网调度机构已批复同意上报的启动试运行计划。

（11）按照合同规定有关的技术资料、调试资料、随机备品和工具等已全部移交并签证。

（12）已投运设备（地面 GIS、地下 GIS、500/220kV 电缆、主变压器、相关厂用电及继电保护等公用系统等）及涉及运行和调试安全的设备（主要指离相封闭母线、空气压缩机系统等），施工单位已向运行单位签订设备代保管协议。

（13）厂内永久道路、观测便道施工完成，安全设施、安全警示标识牌、减速带/板、扶手栏杆等安装完成，具备运行通行及安全观测要求。

5. 质量验收与监督

（1）启动试运行机组已通过电力建设质量监督总站（或中心站）的质量监督活动。

（2）与启动试运行机组有关的设备已完成单元验收、分部验收及单位工程验收。

（3）压力容器及相关压力管路、安全阀等在投入使用前必须通过当地技术监督部门的检测和验收。

（四）工作程序

1. 成立启委会

在机组启动试运行前成立并开始工作。

2. 成立试运行指挥部

启委会成立后，应立即组织成立试运行指挥部，试运行指挥部在启委会的领导下工作。

3. 质量监督

机组启动试运行前，应邀请电力建设质量监督机构（质量监督总站或中心站）对机组及相关机电设备的质量进行监督，并提出质量监督报告。

4. 召开启委会会议

机组设备分部调试完成且进行了质量监督活动后，试运行指挥部可以申请启委会召开第一次会议，听取各有关单位、电力建设质量监督总站（或中心站）和试运行指挥部的工作汇报，现场检查、审议、批准机组启动试运行大纲，并确定机组进入启动试运行阶段的时间。

5. 机组开始启动试运行

按照启委会会议决议，机组可以进入启动试运行阶段。

6. 机组开始 15 天考核试运行

15 天考核试运行由启委会会议批准后开始。如未发现设备或安装时发生重大质量问题可能会影响机组试运行的正常进行等情况，可由试运行指挥部提出申请，经启委会主任批准、电网同意，可开始 15 天考核试运行。

经授权，试运行指挥部可以代行启委会本阶段的职责。

7. 机组消缺

对机组 15 天考核试运行期间发生的一般缺陷，组织集中进行消缺。

8. 验收专家组现场检查

根据《水电工程验收规程》（NB/T 35048—2015），并出具验收意见，确认验收清单。

9. 召开启委会会议

15 天考核试运行完成并达到标准规定的各项考核要求后，由试运行指挥部申请召开启委会会议。启委会现场检查，听取试运行指挥部、电力建设质量监督机构及相关单位的 15 天考核试运行工作汇报，决定机组是否满足进入商业运行及签署机组启动验收阶段鉴定书的条件，并签署机组启动验收阶段鉴定书。

同期工程的各台机组启委会的启动验收工作均应按上述程序的要求进行。但除首末台机组外，中间过程的各台机组的启动验收，如未发现机组设备制造或安装时具有可能影响机组启动试运行正常进行的重大质量问题，均可以将启委会的工作从简安排，在启委会同意的情况下，在现场工作的启委会委员，一般由试运行指挥部总指挥，代行启委会职责进行机组启动试运行及验收工作。

（五）机组启动试运行管理流程

（1）机组启动试运行调试承包商根据机组启动试运行试验大纲，编制“机组启动试运行试验方案”。

（2）“机组启动试运行试验方案”经调试承包商领导审核后，报项目公司机电部（物流中心）审核。

（3）项目公司机电部（物流中心）审核后，报机组启动试运行指挥部审查。

（4）试运行指挥部组织有关人员对“机组启动试运行试验方案”进行审查。

（5）项目公司机电部（物流中心）汇总审查意见，下发调试承包商。

（6）调试承包商接收审查后的“机组启动试运行试验方案”，对审查意见进行修改。

（7）试运行指挥部批准“机组启动试运行试验方案”。

（8）项目公司机电部（物流中心）将批准的“机组启动试运行试验方案”下发调试承包商。

（9）调试承包商按照批准后的试验方案，开展机组启动试运行各项工作。

（10）项目公司机电部（物流中心）根据调试进度安排和运行调度管理部门要求，及时向运行调度管理部门报送“试验计划申请”。

（11）机组启动试运行完成后，调试承包商编写机组启动试运行试验报告。

（12）项目公司机电部（物流中心）将试验运行资料备案。

（13）项目公司机电部（物流中心）收集、整理试验运行资料，并进行归档。

（六）15天考核试运行前调试项目检查管理

（1）在召开电站机组第一次启委会后一个月内，试运行指挥部按照“抽水蓄能电站机组进入15天考核试运行前调试项目检查表”格式要求补充完成与本项目有关的“调试项目调试（试验）指标”，经试运行指挥部总指挥同意后上报启委会。

（2）机组完成电站受电、分部调试和机组启动试运行试验后，试运行指挥部向启委会报送“机组进入15天考核试运行前调试项目检查的申请”，并经试运行指挥部总指挥签发后，上报启委会。

（3）启委会组织成立调试项目检查专家组进入电站检查现场。

（4）在听取试运行指挥部、监理单位、调试承包商汇报，并检查相关材料后，提出“×号机组进入15天考核试运行前调试项目检查报告”，明确机组是否具备进入15天考核试运行或相应的整改意见。

（5）试运行指挥部按照检查意见进行整改完成，并征求地方运行调度管理部门同意后，上报“机组进入15天考核试运行申请及整改意见落实情况”。

（6）根据整改意见完成情况，启委会批复机组进入15天考核试运行的批复文件。

（七）机组启动试运行组织措施和安全保证措施

（1）总指挥是整个试运行工作的第一责任人，所有参与调试的工作人员必须听从总（副）指挥的安排，禁止擅自行动。

（2）参加调试人员必须熟悉《电力安全工作规程》（Q/GDW 1799—2013），熟悉调试的工作内容、调试的安全措施和技术措施。调试应向参加调试人员进行安全和技术交底。所有人员必须按照任务分工准时到达规定地点，按照工作部署坚守岗位。

（3）调试期间坚持每天的现场办公会议。确定当天的调试计划和职责分工，所有的命令和操作必须按照事前制定好的技术措施执行，遇到问题立即向调试负责人汇报。调试人员按预先制定的计划和措施进行调试，如需变更应向调试指挥部汇报。

（4）机组启动前，厂区内消防设施应完成消防部门的验收工作。现场消防设施充足，消防报警系统有人值班，消防人员随时待命，试运行区域严禁烟火。调试场地实施警戒，严禁无关人员进入。

（5）调试现场必须保证道路畅通、照明充足，应有明确的逃生通道指示，当发生火灾和水淹厂房等意外事故时，生产现场各单位的各级领导及安全人员，应就近指挥现场人员向两个逃生通道迅速撤离，严禁乘坐电梯逃生。

（6）属于调度管辖范围内的操作由运维人员负责，运行值班负责人得到调度的指令后，应向总（副）指挥汇报；得到总（副）指挥的批准后，立即向操作监护人及操作员下达操作命令。操作人员得到运行值班负责人的操作命令后，立即到现场确认检查、操作无误后，由监护人向运行值班负责人汇报。运行值班负责人得到监护人及设备巡视人有关异常情况的汇报，应立即向调度汇报，同时报告总（副）指挥。试运行的各项操作应严格执行工作票与操作票制度，每项操作须由两人进行，严格执行监护制。

（7）调试人员和运维人员未经调试指挥部批准不得任意操作任何调试的设备，所有的命令和操作必须按照事前制定好的技术措施执行，遇到问题立即向相关人员汇报。遇到异常情况时，由总（副）指挥决定执行相关的事故预案。要做好调试现场设备的保卫工作，防止非运维人员乱动设备，无关人员禁止进入工作地点。

（8）调试期间严格执行工作交接制度、工作票制度、操作票制度。运维人员明确各自的工作职责，了解和掌握各自所辖运行设备的性能、主要参数、操作程序及事故处理方法。熟悉运行规程与试运行试验程序。运维人员要定时记录设备试运行的有关数据，定时巡检所辖设备的运行情况，发现异常立即报告。

（9）监理和项目法人的安监人员负责对调试期间所有安全措施、反事故预案进行检查、督促，对所有装置性违章和操作性违章进行调查处理，防止不安全事件发生。监督检查隔离措施的执行情况。操作和运行严格按操作规程、运行规程和制造厂的技术文件进行，严格实行工作票、操作票制度。

（10）做好安装设备与调试系统的安全隔离。做好安装设备区域各层与调试设备区域的隔离，所有人员进入运行及调试区域须凭有效证件或工作票。在隔离栅栏处设保安人员值守，由保安负责查验有关凭证，严禁无关人员进入调试机组区域。明确界定安装区域和调试区域的界限，所有安装设备与调试设备的隔离点如开关、闸刀、阀门等要做好防止误动的可靠措施，锁上并挂警示标牌。调试设备的标志、设备标牌等设置齐全，消防、照明、通信等可靠投入。

（11）做好调试机组与安装机组之间的可靠隔离。既要防止安装设备影响调试设备，也要防止调试设备影响安装设备。在有可能突然来电、突然来水、突然充压的安装设备关键隔离点处做好可靠的安全措施；安装机组相关设备如需接入已投运系统，应办理工作票，并由运维人员做好安全措施，许可工作后方可施工。

（12）做好调试机组与公用系统的隔离。做好事故预案，确保调试安全。对调试现场可能发生的危险点，做好事故应急处理预案。在紧急疏散通道设荧光逃生标志，所有人员明确紧急疏散路径。

三、涉网试验管理

涉网试验是指电站机组进行的涉及电网安全稳定运行的试验，包括一次调频、励磁电力系统静态稳定（PSS）功能、自动发电控制（AGC）、自动电压控制（AVC）、机组进相等试验等。

（一）职责分工

（1）项目公司：负责试验运行方式申请和操作；试验前后的隔离操作和恢复；试验过程中的运行调整；试验安全措施的落实；配合调试承包商进行试验设备、管道和仪器的安装与拆除。

（2）调试承包商：负责编写试验大纲和实施方案；负责试验的实施；负责编写试验报告；试验隔离措施及安全措施的确认。

（3）设备供货商：参与制定、审查试验方案，对试验进行监督和指导；对试验原始数据进行确认，分析试验数据，并参与试验报告的编写工作；提供试验所需的设计计算书、设备图纸和资料等文件。

（4）施工承包商：配合试验工作，及时处理安装缺陷。

（5）设计单位：配合试验工作。

（二）工作流程

电站涉网试验管理流程如下。

（1）按照当地运行调度管理部门要求的涉网试验项目，调试承包商编写“电站涉网试验方案”，报试运行指挥部。

（2）试运行指挥部根据涉网试验项目组织审查或审批涉网试验项目方案后，报送运行调度管理部门审批或备案。

（3）调试承包商按照批准的试验方案组织实施，实施完成后，调试承包商编写“电站涉网试验报告”（以当地电网要求的格式为准）报试运行指挥部，试运行指挥部报送运行调度管理部门备案。

（三）涉网试验内容

涉网试验内容，见表 2–2。

表 2–2　　涉网试验内容

序号	项目名称	备注
一	涉网试验项目（共 8 项）	
1	黑启动试验	含线路充电试验
2	一次调频试验	
3	励磁 PSS 试验	
4	调速器参数建模	
5	励磁系统建模	
6	机组进相试验	
7	电站机组 AGC、AVC 联合运行	
8	低频减载试验	
9	其他	

四、机组性能验收试验管理

性能验收试验是指机组投入商业运行后，由有试验资质的第三方试验单位实施的用于考核设备特性是否满足合同文件保证值而进行的试验。

（一）职责分工

（1）项目公司：负责试验运行方式申请和操作；试验前后的隔离操作和恢复；试验过程中的运行调整；试验安全措施的落实；配合调试承包商进行试验设备、管道和仪器的安装与拆除。

（2）调试承包商：负责编写试验大纲和实施方案；负责试验的实施；负责编写试验报告；试验隔离措施及安全措施的确认。

（3）设备供货商：对试验进行监督和指导；负责提供试验所需测量设备和数据采集装置；对试验原始数据进行确认，分析试验数据，并参与试验报告的编写工作；提供试验所需的设计计算书、设备图纸和资料等文件。

（二）管理流程

（1）在电站全部机组投产发电后，项目公司机电部（物流中心），根据合同规定选定一台机组做机组性能验收试验。

（2）调试承包商按照合同规定的机组性能验收项目编写“机组性能验收试验方案”，经调试承包商内部审核后，上报项目公司机电部（物流中心）。

（3）项目公司机电部（物流中心）组织调试承包商和设备生产厂，对“机组性能验收项目试验方案”进行审查，形成“机组性能验收试验方案”审查意见，下发调试承包商。

（4）调试承包商按审查意见，修改机组性能验收试验方案后，上报机电部（物流中心）。

（5）项目公司机电部（物流中心），审核并行文上报分管领导，分管领导批准机组性能验收试验方案。

（6）调试承包商按照批准的机组性能验收试验方案，开展各项试验工作，设备生产厂家负责指导并参加验证。

（7）试验完成后，调试承包商编制“机组性能验收试验报告”，经设备厂商认定后报送机电部（物流中心）备案。

（三）机组性能验收试验内容

机组性能验收试验内容，见表2–3。

表2–3　　机组性能验收试验内容

序号	项　目　名　称	备　　注
1	水轮机能量指标试验	
2	水轮机和水泵效率试验	
3	水泵工况抽水流量试验	
4	水泵最大输入功率试验	
5	振动、摆度和压力脉动测量	
6	空蚀和泥沙磨损损坏检测	

续表

序号	项 目 名 称	备 注
7	导叶漏水量检测	
8	球阀动水关闭试验	
9	发电电动机出力试验	
10	发电电动机损耗及效率试验（含励磁系统）	
11	发电电动机温升试验	
12	发电电动机阻抗及时间常数测量	
13	发电电动机零功率因数和V形特性测定	
14	发电电动机 GD^2 测量	
15	发电机过负荷试验	
16	短时过电流试验（定子和转子）	
17	三相突然短路试验	
18	飞逸转速试验	
19	工况转换时间（包括背靠背启动）测量	
20	计算机监控系统设备特性和性能保证值测量	
21	发电工况进相运行	
22	调相试验	
23	其他	

机组性能试验项目根据项目公司与主机设备供应商讨论确定。

思考与练习

1. 电站受电试验应具备哪些条件？
2. 简述机组启动试运行的范围。
3. 机组启动试运行包括哪些试验？
4. 涉网试验的审批流程是怎样的？
5. 机组性能试验包括哪些内容？

模块4　涉网业务及基建移交生产验收管理（Ⅲ级）

模块描述　本模块介绍启动验收的涉网业务、基建移交生产验收等内容，通过要点讲解，熟悉启动验收管理的工作流程，能够组织启动验收工作。

正文

一、涉网业务

涉网业务办理的主要目的是保障电力系统安全、优质、经济运行，维护电网经营企业和发电企业的合法权益，保证电力交易合同的实施。涉网业务主要内容包括调度前期工作、电站受电调试前涉网业务、机组首次并网调试前涉网业务、并网调度协议签订、购售电合同签订、电力业务许可证办理、机组投入商业运行涉网业务。

（一）调度前期工作

（1）电站前期工作包括规划立项、设计审查、设备采购等各阶段的工作，应保证满足电网安全、技术和管理标准。

（2）发电业主单位或接入系统设计单位可向电网调度机构了解电网的有关信息。

（3）为便于业主新机顺利并网和电网调度机构履行调度专业技术管理，业主单位应邀请电网调度机构参加可行性研究审查、接入系统审查、初设审查和设计联络会等；二次设备选型、技术方案确认；业主单位应于审查前1个月将待审查资料提交电网机构。

（4）业主单位应向电网调度机构提供项目可行性研究报告和接入系统设计审查意见，作为签订并网调度协议等工作的依据。

（二）电站受电调试前涉网业务

（1）电站应在升压站预计启动调试半年之前，将升压站和机组启动调试计划及有关设计参数报电网调度机构，以便进行运行方式的计算和安排。

（2）电站在升压站启动调试前应完成的工作内容。

1）电站应在升压站启动送电 3 个月之前提供投产计划，并向电网调度机构提供有关参数图纸及说明书等资料，提出一次设备命名、编号申请，以便电网调度机构开展升压站受电前的工作。

2）电站应在升压站启动调试 2 个月前，向国家电网公司调度通信中心提交升压站启动调试申请书及现场调试方案。电站在收到受电确认通知后 10 日内，与国家电网公司调度通信中心商定升压站预计启动调试的时间和有关事宜。

3）电站按照通过审定的设计要求施工建设升压站一次设备和继电保护及安全自动装置、通信、调度自动化等二次系统，二次系统应与一次系统同步投入运行。

4）电站通信工作。在升压站启动调试 45 日前完成新建通信设备、线路的安装调试工作，并符合接入系统要求。

5）电站在升压站启动调试 45 日前，应提出电站运行值班人员接收电网调度机构培训和考试的申请。

6）电站自动化工作。在升压站启动调试 15 日前，完成电站端远动装置、计量终端、相量测量装置、调度数据网设备、二次安全防护设备的安装工作；在升压站启动调试 7 日前，完成以上设备与调度端主机的联调工作。

7）电站组织升压站验收，验收时应邀请电网调度机构相关人员参与，并将验收合格报告报电网调度机构。

8）电站应编制完成现场运行规程，对电站一次设备进行双重编号标示。

9）在升压站启动调试 7 日前，电站应提交具备接受上级调度指令资格的运行值班人员名单。

10）在升压站启动调试 1 日前，开始实时运行值班，并与上级调度进行调度业务联系。

（3）电网调度机构在升压站启动调试前提供和完成各项并网技术服务。

1）电网调度机构应在技术服务协议签订以后向电站明确机组并网运行基本管理规范，包括安全管理、技术管理和运行管理的标准、制度。

2）收到有关单位上报的新建厂（站）推荐调度名称函件和电气一次接线施工图后，在升压站启动调试 60 日前批复电站调度名称，下发调度管辖范围和设备命名、编号。

3）在升压站启动调试 30 日前，下发有权发布调度指令的人员名单、调度管理规程及相关规定。

4）在升压站启动调试 30 日前，对与调度联系的有关专业人员进行培训和进行调度对象资格考试，考试合格者发放"调度系统运行值班合格证书"。

5）在升压站启动调试 30 日前，协调相关运行维护单位共同完成并网通信设备的接入及电路的开通、调试工作。

6）在升压站启动调试 10 日前，编制升压站启动调试调度方案，完成方式安排和系统稳定计算，下达启动调试调度方案和安全自动装置的整定值。

7）在升压站启动调试 7 日前，完成调度端主站与电站端远动装置、计量终端、调度数据网设备、二次系统安全防护设备的联调工作。

8）在升压站启动调试 5 日前，完成通过调度自动化相关系统报送和接收调度生产信息的调试工作。

9）在升压站启动调试 5 日前，完成系统继电保护定值计算和保护定值单编制。向电站提供系统继电保护定值单、继电保护整定限额。

10）在升压站启动调试 1 日前，与电站运行值班员进行调度业务联系。

（4）电网调度机构在商定的升压站启动 5 日前，组织对投运条件进行检查和认定，电站升压站受电的必备条件包括：

1）电站已按"并网调度协议"和"购售电合同"的约定完成了相关的工作。

2）电站升压站一、二次设备须符合国家标准、电力行业标准和其他有关规定，与电网对应的设备匹配，按经国家授权机构审定的设计要求安装、调试完毕，按国家规定的基建程序验收合格。

3）并网正常运行方式已经明确，有关参数已合理匹配，设备整定值已按照要求整定，具备并入电网运行、接受电网调度机构统一调度的条件。

4）电站运行、检修规程齐备，相关的管理制度齐全，其中涉及电网安全的部分应与电网的安全管理规定相一致。电气运行规程和紧急事故处理预案已报电网调度机构。

5）电站具备接受调度指令的运行值班人员，已全部经过电网调度运行方式及有关电网安全运行规定的培训，经电网调度机构调度对象资格考试合格后，持证上岗。

6）电站已配备与调度有关专业相对应的联系人员，运行值班人员名单、方式、继电保护、通信、自动化专业联系人员名单和联系方式已报电网调度机构；已具备上级调度机构有权下达调度指令的人员名单、调度规程及相关规定。

7）电站已配置调度电话、调度业务传真设备和调度语音录音系统。

8）能通过调度自动化相关系统报送和接收调度生产所需信息。

9）电站继电保护专业、通信专业、自动化专业必备的技术条件符合电网调度机构的要求。

（5）电站应同启委会确定和落实其接入工程是否具备启动调试条件，共同商定升压站启动调试的具体时间和程序。

（6）在确认升压站具备启动调试条件后，电站在商定的升压站启动调试 3 日前向电网调度机构提交并网申请票，电网调度机构在商定的升压站启动调试 1 日前批复给电站。

（三）机组首次并网调试前涉网业务

（1）机组首次并网前电站应完成的工作。

1）电站应在机组预计首次并网日 90 日前，向电网调度机构提供有关参数、图纸及说明书等资料（外文资料需同时提供中文版本），以便电网调度机构开展机组并网前的工作。

2）电站应在机组预计首次并网日 60 日前，向电网调度机构提交并网申请书，并网申请书应包含本次并网设备的基本概况、并网电站（机组）调试方案和调试计划等内容。

3）电站在收到并网确认通知后 10 日内，应按电网调度机构的要求修编并网调试项目和调试计划，并与电网调度机构商定首次并网的具体时间和程序。

4）电站机组继电保护、励磁系统、调速系统、AGC、AVC、相量测量、一次调频等自动控制系统应与机组同步投运，调速系统和励磁系统、继电保护的整定值报电网调度机构备案。

5）电站组织机组验收，涉网部分验收时应邀请电网调度机构相关专业人员参与，并将验收合格报告报电网调度机构。

（2）机组首次并网前电网调度机构应完成的工作。

1）并网申请书所提供的资料符合要求的，电网调度机构应在收到并网申请书后 35 日内予以确认。

2）在商定的首次并网日 10 日前，完成编制机组启动调试调度方案，下达启动调试调度方案和安全自动装置的整定值。

3）在商定的首次并网日 15 日前，完成发电计划编制和运行考核等管理软件联合调试 7 日前完成调度自动化系统、AGC、AVC 等功能联合调试；完成电能量计量系统的联合调试。

4）在商定的首次并网日 5 日前，完成系统继电保护定值计算，向电站提供系统保护定值单。

（3）电网调度机构在商定的机组首次并网日 5 日前，组织对并网条件进行检查和认定，机组并网的必备条件包括：

1）现场运行规程、保厂用电方案等已报电网调度机构。

2）电站发电机–变压器组及相关的一次设备安装调试完毕，完成分步试运行并通过验收，验收合格报告已报电网调度机构。

3）机组励磁系统及 PSS 装置、调速系统已经安装并完成就地调试，具备投入运行条件。

4）水电站水库调度自动化系统（或水情自动测报系统）已安装并完成就地调试，具备同电网调度机构水调自动化系统联调条件。

5）能通过调度自动化相关系统报送和接收调度生产所需信息。

6）电站继电保护及安全自动装置、电力调度通信设施、自动化设备已接设计安装调试完毕，满足电网要求的技术条件。

7）电站和电网调度机构针对电站并入电网后可能发生的紧急情况，已制定相应的事故处理预案。

8）电站已向电网调度机构提供要求的参数和技术资料及如下技术资料：发电机和主变压器（含主变压器零序阻抗参数）的铭牌参数（包括出厂试验参数），发电机–变压器组辅助设备（断路器、隔离开关、电流互感器等）的技术资料和测试报告，发电机励磁系统及 PSS 装置、调速系统实测参数和报告。

（4）在确认机组具备并网条件后，电站在商定的机组首次并网日 3 日前，向电网调度机构提交并网调试书面申请，电网调度机构在商定的机组首次并网调试日 1 日前批复给电站。

（四）并网调度协议签订

签订并网调度协议的主要目的是保障电力系统安全、优质、经济运行，维护电网经营企业和发电企业的合法权益，保证电力交易合同的实施。协议双方应注意所签并网调度协议与购售电合同相关约定的一致性。

（1）签订并网调度协议应具备以下条件。

1）电站项目接入系统方案通过审批。

2）电站项目获得政府主管部门核准或备案。

3）电站接入系统工程获得政府主管部门核准或备案。

（2）项目公司应在启动前 3 个月与相应调度机构协商并网调度协议有关事宜，协议最迟应于启动前 15 个工作日签订完毕。

（3）项目建设单位相关部门职责。

1）机电部。

a. 负责与电网经营企业对口联系。

b. 负责收集协议书签订前提条件 3 个方面的文件提交所辖电网经营企业审查。

c. 负责与电网经营企业协商，并签订《并网调度协议书》。

2）计划合同部。

a. 协助机电部对《并网调度协议书》内容进行审查。

b. 负责《并网调度协议书》ERP 网上审批签订流程的监督。

（4）需要提供的资料。

1）电站接入系统正式版主接线图。

2）电站主要技术参数。

3）电站调度范围。

（5）并网调度协议应明确电力调度机构与电站的双方义务，对并网条件、机组启动和调试、双方的责任和义务、调度管理、事故处理、电力电量计划、设备检修管理、继电保护与安全自动装置、调度自动化和通信管理、电能计量、协议期限、违约和终止等工作的内容及要求进行说明。

（6）并网调度协议须经电力调度机构与电站法定代表人或其委托代理人签字，并加盖双方公章后方可正式生效。

（7）原则上并网调度协议有效期为一年，期满后双方若无异议，协议继续生效，直至因其他原因终止；若一方有异议，应书面通知另一方，并在 30 天内协商重新签订事宜。

（五）购售电合同签订

（1）新建抽水蓄能电站应在电站首次并网前（原则上三个月）与电站所辖电网企业签订购售电合同，签订购售电合同时应提供但不限于以下资料。

1）系统接入方案（含接入系统图）。

2）产权分界点信息（含产权分界点示意图）。

3）计量点信息（含计量点示意图）。

4）政府相关批文［包括项目核准文件、环评报告、取水许可证、电力业务许可证（发电类）和上网电价批复文件等］。

5）电网公司相关批复（含并网调度协议书）。

6）项目竣工报告。

7）营业执照。

8）组织结构代码证。

9）法人代表身份证。

10）税务登记证。

11）银行开户许可证等。

（2）项目建设单位相关部门职责。

1）机电部。

a. 协助计划合同部对购售电合同内容进行审查。

b. 负责收集合同需提供的资料提交所辖电网经营企业审查。

2）计划合同部。

a. 负责与电网经营企业对口联系。

b. 负责购售电合同 ERP 网上审批签订流程的监督。

c. 负责与电网经营企业协商，并签订购售电合同。

（3）购售电合同文本应参照国家电监会与国家工商总局联合颁发的购售电合同（示范文本）由电网企业与发电企业协商签订，购售电合同需主要明确电力电量购销、上网电价、电能计量、电量计算、电费结算与支付、合同期限、合同违约和终止等。

（4）购售电合同签订完毕后，机电部按规定向电力监管机构备案。

（5）购售电合同执行期间，双方需要对合同部分条款进行修改、补充的，可签订购售电合同补充协议。补充协议应约定为购售电合同的重要组成部分，与购售电合同具有同等法律效力。

（6）购售电合同原则上每年签订一次，应在本年度结束前签订次年度购售电合同，因特殊原因无法完成的，最迟在次年一季度前完成。

（7）购售电合同有效期一般为统调电站一年。合同到期后可采取以下方式续签合同：

1）合同双方均未提出异议，根据合同约定，原合同继续有效。

2）合同双方对合同部分条款进行修改、补充的，双方签订补充协议。根据合同约定，原合同的其他条款继续有效。

3）合同双方对合同条款存在异议，提出重签，原合同废止，重新签订合同。

（六）电力业务许可证办理

根据《电力业务许可证管理规定》相关规定，从事发电业务的，应当取得发电类电力业务许可证；未取得电力业务许可证，不得从事发电业务。国家电力监管委员会（简称电监会）负责电力业务许可证的颁发和管理。取得电力业务许可证的单位（简称被许可人）按照本规定享有权利、承担义务，接受电监会及其派出机构（简称电力监管机构）的监督管理。被许可人依法开展电力业务，受法律保护。

项目建设单位机电部负责电力业务许可证办理的相关工作。发电类电力业务许可证办理的各个环节包括申请、受理、审查、决定和管理。

1. 项目建设单位职责

（1）负责与电监会对口联系。

（2）负责收集需提供的资料提交电监会审查。

2. 发电类电力业务许可证办理申请条件

（1）具有法人资格。

（2）具有与申请从事的电力业务相适应的财务能力。

（3）生产运行负责人、技术负责人、安全负责人和财务负责人具有 3 年以上与申请从事的电力业务相适应的工作经历，具有中级以上专业技术任职资格或岗位培训合格证书。

（4）发电项目建设经有关主管部门审批或者核准。

（5）发电设施具备发电运行的能力。

（6）发电项目符合环境保护的有关规定和要求。

（7）法律、法规规定的其他条件。

3. 申请

电力业务许可证办理实行网上办理手续，在所属区域能源监管局网站上根据“电力业务许可证办理指南”开展申请业务。申请注意事项如下。

（1）申请电力业务许可证，应当向电监会提出，并按照规定的要求提交申请材料。

（2）具有法人资格的，由本企业提出申请；不具有法人资格的，按照隶属关系由其法人企业提出申请。

（3）申请电力业务许可证应提供下列材料。

1）法定代表人签署的许可证申请表。

2）法人营业执照副本及其复印件。

3）企业最近 2 年的年度财务报告；成立不足 2 年的，出具企业成立以来的年度财务报告或验资报告。

4）由具有合格资质的会计师事务所出具的最近 2 年的财务状况审计报告和对营运资金状况的说明；成立不足 2 年的，出具企业成立以来的财务状况审计报告和对营运资金状况的说明。

5）企业生产运行负责人、技术负责人、安全负责人、财务负责人的简历、专业技术任职资格证书等有关证明材料。

6）发电项目建设经有关主管部门审批或核准的证明材料。

7）发电项目通过竣工验收的证明材料；尚未组织竣工验收的，提供发电机组通过启动验收的证明材料或有关主管部门认可的质量监督机构同意整套启动的质量监督检查报告。

8）发电项目符合环境保护有关规定和要求的证明材料。

4. 受理

电监会对申请人提出的许可申请，根据下列情况将分别做出处理。

（1）申请事项不属于电监会职权范围，应当即时做出不予受理的决定，向申请人发出“不予受理通知书”，并告知申请人向有关行政机关申请。

（2）申请材料存在可以当场更正的错误的，应当允许申请人当场更正。

（3）申请材料不齐全或不符合法定形式的，应当当场或者在 5 日内一次告知申请人需要补正的全部内容，逾期不告知的，自收到申请材料之日起即为受理。

（4）申请材料齐全、符合法定形式的，向申请人发出“受理通知书”。

5. 审查与决定

（1）电监会对申请人提交的申请材料进行审查，根据需要，对申请材料的实质内容进行核实。

（2）电监会做出电力业务许可决定，依法需要举行听证的，将按照有关规定举行听证。

（3）电监会将在自受理申请之日起 20 日内做出许可决定。20 日内不能做出决定的，经其机关负责人批准，可以延长 10 日，并将延长期限的理由告知申请人。

做出准予许可决定的，自做出决定之日起 10 日内向申请人颁发、送达许可证。

做出不予许可决定的，自做出决定之日起 10 日内以书面形式通知申请人，说明不予许可的理由，并告知申请人享有依法申请行政复议或提起行政诉讼的权利。

6. 电力业务许可证内容

电力业务许可证由正文和附页组成。

（1）正文载明许可证编号、登记名称、住所、法定代表人、许可类别、有效期限、发证机关、发证日期等内容。

（2）附页包括许可证使用规定，被许可人的权利和义务，发电机组、输电网络或供电营业区情况登记，检查情况记录，特别规定事项等内容。

7. 管理

（1）电力业务许可证的有效期为20年。

（2）电力业务许可证有效期届满需要延续的，被许可人应当在有效期届满 30 日前向电监会提出申请。

（3）电监会应当在电力业务许可证有效期届满前做出是否准予延续的决定。逾期未做出决定的，视为同意延续，并补办相应手续。

（4）被许可人名称、住所或法定代表人发生变化的，应当自变化之日起 30 日内到电监会办理相关手续。

（七）机组投入商业运行涉网业务

（1）新机组在进入商业化运行前，电站应完成电网调度机构要求的系统调试工作；调试结束后，向电网调度机构提供详细的调试报告。

（2）电站在机组有关试验和安全性评价工作完毕，向电网调度机构提供安全性评价结论，并向电网企业提交进入商业化运行的报告。

（3）电网调度机构根据电站提供的有关试验数据、安全性评价结果、技术监督部门的结论，对机组投入商业化运行的技术条件进行审核，并向电网企业有关部门提供相关意见。

二、基建移交生产验收

基建移交生产是指从新机组完成考核试运行至启委会确定新机组投入商业运营的过程。基建移交生产验收是指在每台新机组完成考核试运行后，由国网新源公司组织对新机组由基建阶段向生产阶段移交的验收，验收的目的是给启委会确定机组是否能投入商业运行的条件提供依据。主要介绍基建移交生产验收管理的组织机构及职责、管理环节、管理内容流程。

（一）组织机构及职责

1. 国网新源公司本部

（1）运维检修部。

1）负责制定公司新机组基建移交生产管理手册。

2）负责组织新机组移交生产验收工作，出具验收意见书。

3）监督各单位验收发现有关问题的整改落实。

（2）基建部。参加新机组基建移交生产验收，监督与协调基建遗留问题的整改。

（3）安全监察质量部。参加新机组基建移交生产验收，监督与协调各单位安全、应急及生产安全设施管理方面问题的整改。

（4）办公室。参加新机组基建移交生产验收，监督与协调各单位档案资料管理方面问题的整改。

2. 各单位

（1）机电部。

1）负责编制本单位新机组基建移交生产执行手册。

2）负责本单位新机组基建移交生产工作，包括方案的制定和落实，验收前自查，提交验收申请。

3）组织验收发现问题的整改，提交新机组移交验收整改报告。

4）办理新机组基建移交生产手续。

（2）安全监察质量部、工程部、办公室。安全监察质量部、工程部、办公室是本单位新机组基建移交生产的配合部门，根据职责分工负责安全管理、土建施工和档案资料等方面的检查配合和问题整改。

（二）管理环节

各单位制定新机组基建移交生产工作方案，向国网新源公司提交验收申请，国网新源公司运检部审核同意后成立验收专家组，专家组根据验收检查大纲开展现场检查验收，形成验收意见。运检部会同办公室、安全质量监察部、基建部审核后予以下发新机组基建移交生产验收意见书。各单位根据验收意见提出的问题制定整改措施和整改计划，经国网新源公司审核同意后办理新机组基建移交生产手续。

（三）管理内容

1. 总则

（1）新机组基建移交生产前，应按规定完成各项调试和试验工作，完成考核试运行，经检查确认具备移交生产的条件。

（2）与机组正常运行相关的公用与附属设备、水工设施、安全设施、防误闭锁装置和其他配套设施应与新机组同时验收和移交。

（3）各单位应制定新机组基建移交生产工作方案，明确组织机构、工作职责和各项工作计划，保障新机组安全运行的生产组织机构、规章制度、设备台账、安全工器具等应健全完备。

（4）各单位针对新机组基建移交生产验收中发现的问题要落实整改措施，消除对人身、电网、设备运行造成威胁的缺陷和隐患。

2. 验收具备的条件

（1）新机组工程质量符合《水电工程验收规程》（NB/T 35048—2015）要求。

（2）新机组已完成考核试运行，相关的公用与附属设备设施已投运，满足电网安全稳定运行技术要求和调度管理要求。

（3）已按要求进行大坝安全注册登记或登记备案。

（4）移交生产的设备设施不存在对运行造成威胁的缺陷和隐患。

（5）新机组安全设施建设符合《国家电网公司水电厂安全设施标准》的规定。

（6）生产管理信息系统（HPMS）及生产实时信息系统（SIS）与新机组有关的功能

已上线投运。

（7）最后一台机组移交验收前，必须按公司要求在生产管理信息系统（HPMS）完成全厂设备台账信息采集整理。

3. 验收申请

（1）考核试运行结束后 5 日内，各单位机电部向公司行文提交“新机组基建移交生产验收申请”。

（2）“新机组基建移交生产验收申请”包括移交生产设备设施清单、计划验收时间、新机组基建移交生产工作开展情况和机组状态评估报告等内容。机组状态评估报告包括但不限于以下内容。

1）工程项目概况。

2）移交生产设备设施的指标和参数。

3）调试和试验完成情况及相关试验数据。

4）工程设计、设备制造、施工安装和调试阶段曾发生过的缺陷和隐患及其处理情况等。

5）考核试运行的情况。

（3）公司运维检修部对验收申请的各项内容进行审核，审核通过后行文下发开展新机组基建移交生产验收的通知。

4. 验收准备

（1）新机组基建移交生产验收成立专家组，组长由公司运维检修部负责人担任，副组长由各单位分管生产领导担任，成员为公司办公室、安全质量监察部和运检部等有关人员。

（2）由公司运维检修部会同有关部门编制验收阶段使用的新机组基建移交生产验收检查大纲。

（3）各单位在验收前应准备以下资料。

1）工程概况：包括工程位置、工程布置、主要设备供货商及参数、电气主接线及所接入的主电网情况等。

2）新机组基建移交生产的设备设施范围。

3）转入生产的设备设施与基建期设备设施隔离点、隔离措施。

4）新机组设备安装的主要事件：包括水库蓄水、一次设备首次倒送电、首次冲转及首次并网等过程中出现的主要问题和事件。

5）新机组整体调试的情况：包括试验项目，以及调试过程中出现的主要问题及其解决方案。

6）新机组考核试运行情况：包括启停次数、成功率和运行时间、电量情况、综合效率及过程中出现的主要问题及其解决方案等。

7）生产准备及规章制度制定情况。

8）电力基本建设工程质量监督部门对新机组的质量监督检查情况：包括新机组移交生产有关的机电工程、土建工程、电气工程、安全管理、运行管理、档案管理等各方面的检查情况和结果。

9）新机组启动试运行验收情况。

10）转入生产的设备设施存在的问题、问题的整改计划及对问题的控制措施。

11）转入生产的设备最新图纸、运维手册、试验报告等技术文件。

12）转入生产的设备运维专用工器具及备品备件清单。

以上资料由各单位机电部牵头准备，安全监察质量部、档案管理部门配合整理，供现场验收检查使用。

5. 现场验收

（1）验收专家组组长主持召开新机组基建移交生产验收启动会，听取各单位的验收汇报，了解机组安装、调试和试运行情况。

（2）验收专家组按照安全管理、档案管理、运行管理、电气、水机、水工等专业分组开展验收工作。

（3）各专业组发现的问题应与各单位相关人员沟通后形成专业组初步验收意见，明确存在的问题和整改建议。

（4）现场检查结束后，验收专家组召开会议讨论分组验收情况，整理形成专家组初步验收意见。

（5）验收专家组组长主持召开新机组基建移交生产验收反馈会，将初步验收意见向验收单位进行反馈。

（6）公司运维检修部会同办公室、安全监察质量部和基建部对专家组初步验收意见进行审核，并行文下发新机组基建移交生产验收意见书，批复同意机组移交生产。新机组基建移交生产验收意见书包括：

1）验收中发现的重大问题与整改意见。

2）验收中发现的一般问题与整改意见。

3）验收整改要求。

4）验收结论。

公司运维检修部通过 HPMS 系统应用点评模块逐条下达应整改落实的问题，各单位整改完成后应及时关闭。

6. 问题整改

（1）各单位应在新机组基建移交生产验收意见书下发后的 15 日内制订整改计划，组织落实。

（2）验收中存在的影响机组设备安全运行、威胁人身安全或资金需求量大、治理时间长、协调困难的重大问题原则上由公司基建部督查指导。安全类问题由公司安全监察质量部督查指导，档案类问题由公司办公室督查指导，生产设备设施与管理类问题由公司运维检修部督查指导。

（3）公司运维检修部在确认各单位移交验收中的重大问题已解决或制定切实可行的控制措施后，出具新机组移交生产验收报告。

思考与练习

1. 涉网业务包含哪些业务？
2. 电力业务许可证办理需要提供哪些资料？
3. 基建移交生产有哪些管理环节？

第三章　金属结构管理

模块1　金属结构制造管理（Ⅰ级）

模块描述　本模块主要介绍金属结构设备制造方案审查、强制性条文检查落实、质量验收标准等主要内容，通过流程和要点讲解，能够对压力钢管、闸门、拦污栅、启闭机、钢网架和钢结构的制造进行有效管控。

正文

一、压力钢管制造管理

压力钢管制造包括直管段、弯管段、岔管及附件等部件的制造，工序主要有管壳及附件下料、压头、卷板、单管装配及定位焊、单管焊接、附件焊接、大节装配及定位焊、大节焊接、岔管预装配、弯管预装配、制作阶段的防腐等。施工承包商在开始焊接前需进行焊接工艺评定，制造过程中需严格按照批准的工艺进行制造。制造完成后需经第三方金属检测试验室探伤合格。

（一）制造前应具备的资料

（1）设计单位提供的设计图纸。

（2）设计单位提供的制造技术要求。

（3）主要钢板原材料、焊接材料、防腐材料等的质量证明书。

（4）有关水工建筑物的布置图。

（二）制造过程相关各方职责

1. 设计单位

（1）按照制造技术要求现场对制造全过程进行技术指导。

（2）参与审查施工承包商编写的制造方案、措施。

（3）检查产品的设计修改和质量问题的处理情况。

（4）参与检查重要部件的加工、焊接和热处理工艺及质量保证措施，并检查有关资料。

2. 施工承包商

（1）制造前的准备工作。

1）编制并上报制造措施计划。编制钢管制造施工措施计划内容包括：

a. 钢管加工车间布置。

b. 钢管制造各工种的工艺要求。

c. 钢岔管的现场拼装、焊接工艺设计。

d. 质量和安全保证措施。

e. 钢管中厚板单面焊接的技术方案和质量保证措施。

f. 监理人要求提交的其他资料。

2）材料采购计划。根据合同计划和施工图纸的要求，编制压力钢管材料的采购计划，提交监理人批准。

3）材料检验成果报告。根据合同相关规定向监理人提交各项材料检验成果。

4）人员准备。组织从事一、二类焊缝焊接的焊工进行考试，并将考试合格人员资料提交监理人批准。

5）测量器具准备。钢管制作所用的钢卷尺、超声波测厚仪等测量器具，测量精度应满足《水电水利工程压力钢管制作安装及验收规范》（GB 50766—2012）中的相关要求。

6）车间加工图。按监理人提供的压力钢管施工图纸，绘制钢管车间加工图，提交监理人批准。

7）编制焊接工艺评定报告和焊接工艺规程，提交监理人批准。

8）承包人应按批准的焊接工艺评定为依据，编制焊接工艺规程，提交监理人批准。

9）岔管水压试验措施计划和试验成果报告。

承包人应编制岔管水压试验措施计划，提交监理人批准。试验结束后，将试验成果及时报告提交监理人。

（2）制造过程质量控制。

1）原材料的质量控制。

a. 压力钢管制造用钢板的化学成分、力学性能、表面质量等均应符合合同文件、规程规范、设计文件等规定，并应具有出厂质量证明书，所有钢板均应进行抽样检验，检验合格后方可使用。

b. 钢板抽样检验项目包括化学成分、力学性能、表面检查，并应按《承压设备无损检测》标准做超声波探伤（UT）检查，合格标准为高强钢Ⅱ级。

c. 压力钢管用钢板的尺寸、厚度及允许偏差必须符合《热轧钢板和钢带的尺寸、外形、重量及允许偏差》（GB/T 709—2006）、《锅炉和压力容器用钢板》（GB 713—2014）及设计文件规定。钢板长度和宽度偏差均为正偏差，不能有负偏差；钢板厚度负偏差为 0。

d. 钢板的运输和存放应避免变形、雨淋、锈蚀、损坏等。所有到货的钢板应按钢种、厚度分类堆放，垫离地面，钢板叠放与支撑垫条间隔设置应避免产生变形。户外堆放时，应有遮盖措施以防雨雪，并注意通风防潮，以免锈蚀。堆放好的钢板还应注意防止灰尘、油脂及酸性有机物的污染。

e. 压力钢管焊接材料的品种应与母材和焊接方法相适应，且焊接材料应具有出厂质量证明书，其化学成分、力学性能、扩散氢含量等技术参数，应符合《水电水利工程压力钢管制造安装及验收规范》（DL/T 5017—2012）第 3.2.6 条的要求。

f. 焊接所选用的焊条、焊丝、焊剂、保护气体等应与所施焊的钢种相匹配。

2）制造过程质量控制要点。

a. 应按照相关文件（合同文件、规程规范、焊接工艺评定等）要求，结合工程特点实际情况编制相应的作业指导书、进度计划，并制定妥善的环保和劳动安全措施，报监理人批准后实施。

b. 应建立健全施工指令检查制度，切实把好施工质量关，严格执行“三检”制度，做好交班检查和工序检查，坚持“上一道工序验收合格后才能进行下一道工序施工”的原则。

c. 钢板划线前应将钢板的铁锈、浮皮、油漆等污物清除干净。钢板划线应放在平整和有足够刚度的平台上进行。划线过程中应使用经过互相校正的钢卷尺及各种获得监理工程师认可的测量器具。钢板计算划线长度时须预先考虑卷板时的伸长、焊缝收缩、焊缝间隙、加工裕度。

d. Q345R 钢板划线后应用钢印、油漆和冲眼标记分别标出钢管分段、分节、分块的编号，水流方向，水平和垂直中心线，灌浆孔位置，坡口角度及切割线等符号。600MPa 级和 800MPa 级高强钢板上，不得用锯或凿子、钢印等做标记，不得在卷板外侧表面打冲眼。钢板切割质量和尺寸偏差应符合《热切割　气割质量和尺寸偏差》（JB/T 10045.3—1999）、《热切割　等离子弧切割质量和尺寸偏差》（JB/T 10045.4—1999）有关规定。

e. 钢板和焊接坡口的切割应用自动、半自动切割或刨边机、铣边机加工。若钢板有预热切割要求，应进行预热切割，或通过试验后，再实施切割。

f. 卷板方向应和钢板的压延方向一致。卷板前或卷制过程中，应将钢板表面已剥离的氧化皮和其他杂物清除干净。钢板各瓦片均可采用冷卷，卷板时，不得用金属锤直接锤击钢板，应防止在钢板上出现任何伤痕。

g. 钢管对圆应在平台上进行，其管口平面度允许极限偏差 2mm（$D \leqslant 5m$）、3mm（$D > 5m$）。

h. 纵缝焊接完后，用样板检查纵缝处弧度。根据运输及吊装的能力，应尽可能的在制造厂进行预装配和焊接及相应焊缝检查工作，减少现场焊接量，且有利于控制质量。灌浆孔宜在卷板后制孔。

i. 焊条、焊丝、焊剂应放置于通风、清洁、干燥和室温不低于 5℃、相对湿度不应高于 60%的专设库房内，并不得存放其他有害介质，由专人负责保管、烘焙和发放，并做好实测温度、相对湿度和焊材发放记录。

3）制造问题的处理。应按照设计图纸及技术要求的规定进行制造，在施工中若发现设计技术要求与现场制造实际情况有不符之处，须及时提出，在征得监理工程师同意后，方可进行修改，且应有相应的设计修改通知单或经设计部门书面同意的技术核定单。

3. 监理单位

（1）制造前的准备工作。

1）技术准备。

a. 设计交底与图纸会审：监理应对图纸和设计文件进行审核签发，组织设计交底会。严格按照国家电网公司《电力建设工程施工技术管理导则》（简称导则）的要求做好图纸会审工作。图纸会审时应明确钢管管节的布置情况、制作顺序、详图的结构尺寸及制造图纸的技术要求和说明。

b. 技术交底：应按照导则和技术规范规定，每个单元工程必须分级进行施工技术交底。技术交底的内容要充实，具有针对性和指导性，全体参加施工的人员都要参加交底并签字，形成书面交底记录。

c. 编制压力钢管制作监理实施细则。

d. 审批施工承包商上报的施工组织措施、技术方案、焊接工艺评定等文件。

2）人员准备。

a. 审查施工承包商上报的焊工，必须持有劳动部门颁发的锅炉、压力容器焊工考试合格证书或通过水利部等国家有关专业部门颁发的适用于水利水电工程压力钢管制造、安装的焊工考试规则的考试，并持有有效合格证书，并组织符合资质要求的焊工进行现场试件考试。

b. 审查施工承包商上报的无损检测人员必须持有国家专业部门签发的资格证书。评定焊缝质量应由Ⅱ级或Ⅱ级以上的检测人员担任。

3）材料准备。

a. 钢板材料进场时，监理工程师通过目视检查和查阅材质保证单，检查产品质量证明书是否齐全及规格尺寸、外观质量等是否满足规范要求对钢板质量做出综合评价。

b. 检查对钢板的超声波探伤和理化性能抽检取样是否合乎有关规定。对钢材质量抽检报告进行审查、认可，并参与钢材验收工作。

c. 根据对购入的焊接材料质量的判断和评价，确定检查项目，指示施工承包商有针对性地对焊接材料进行抽样检查。

（2）制造过程质量监督。

1）开工申请。监理单位在接到开工报告申请后，须对各项制造准备工作（包括人员、工艺文件、设备、装置、仪器、辅助材料、焊材保管及发放制度、施工现场、环境保护、施工安全措施等）进行检查。当所有工作准备就绪检查合格后，监理工程师签发开工令。

2）一般控制质量监督。

a. 在钢管制作过程中的每一道工序（管壳及附件下料、压头、卷板、单管装配及定位焊、单管焊接、附件焊接、大节装配及定位焊、大节焊接、岔管预装配、弯管预装配、制作阶段的防腐等）的开始阶段，监理工程师均要进行旁站监督，了解设备、工艺、人员及安全状况，以便随时做出调整，直至进入正常生产状态。

b. 对制造过程中出现的缺陷，监理工程师必须搞清楚缺陷产生的原因，必要时要求施工承包商暂停施工，监理工程师组织会议分析缺陷产生的原因，施工承包商提出缺陷返修措施和整改措施，报送监理工程师批准后再恢复施工。

c. 施工承包商拟改变既定的工艺方法须通过充分论证，并经监理工程师批准。

3）单管制作质量监督。

a. 对单管装配质量的控制应从源头抓起，自钢板的存放开始，到下料、压头、卷板、装配、预热、定位焊、起吊等，监理工程师都要一一把关。装配各工序验收完成后应及时填写“单管制作检查记录单”。

b. 单管纵缝埋弧自动焊按照焊前、焊中和焊后三个阶段严格控制。

4）大节组装质量监督。

a. 大节装配时，监理应注意装配应力大小和分布情况。大节装配后，应确认并填写其装配质量三检记录，并对错边、间隙、钢管直线度和管口垂直度等进行抽检，经监理认可后才能进入焊接工序。

b. 在大节环缝焊接前，监理工程师应注意是否产生了定位焊裂纹。环缝焊接后，监理工程师应确认接头外观质量、圆度、直线度等的检查记录，并对其进行抽检；确认无损探伤结果。

5）弯管组装质量监督。

弯管应进行整体预装配，至少第一个应如此，然后根据实施的具体情况再决定是否需要预装配。在预装配过程中，从装配台架的设置、定位焊、正式焊接、到钢管的解体，监理工程师应进行旁站监督。

6）附件及防腐制作质量监督。

a. 对于加劲环、止水环、止推环、进人孔、排水管等附件的制作，要抽检下料尺寸、装配尺寸和焊接质量。

b. 确认加劲环、止水环、止推环等对接接头的无损探伤结果。

c. 监理工程师应控制焊接临时附件的数量（尤其是对于高强钢），承包人加焊临时附件必须经监理批准。

d. 在涂漆过程中，监理工程师应注意最大与最小重涂时间间隔。对涂层质量，监理应对每个管段都进行外观检查。对干膜厚度、附着力和针孔（如果是超厚浆型的涂料，承包人应进行全面积扫描）的检查，监理工程师应进行旁站或抽检。对于钢管外涂水泥砂浆层，应以保证在其安装前不致生锈为原则。

4. 第三方金属检测试验室

（1）制造前的准备工作。

1）完成金属试验室建设，取得国家或地方规定相关许可和认证，并按照技术规范要求配备试验仪器、设备、人员等。

2）编制检验试验工作手册、质量计划、检验试验工作细则及各种检验试验规程和工艺卡等，并提交监理单位批准后，报项目建设单位备案。

（2）制造过程质量检测。

1）压力钢管制造用钢板需进行拉伸、冲击、硬度等机械性能试验和化学成分分析试验。

2）压力钢管制作的各类焊缝无损检测，无损探伤普通钢板应在焊接完成 24h 以后进行，高强钢在 48h 以后进行。

3）射线探伤按《金属熔化焊焊接接头射线照相》（GB 3323—2005）评定，一类焊缝Ⅱ级合格，二类焊缝Ⅲ级合格；超声波探伤按《焊缝无损检测　超声检测　技术、检测等级和评定》（GB 11345—2013）评定，一类焊缝 BⅠ级为合格，二类焊缝 BⅡ级为合格。

4）返修后的焊缝，应用射线探伤或超声波探伤复查，同一部位的允许返修次数为 16MnR 钢两次，高强钢一次。若超过上述规定，应找出原因，由施工承包商技术部门制定可靠的技术措施，经监理单位批准后，方可焊补，并做出记录。

5）对于检测不合格试验项目，应及时通知监理工程师及委托单位相关人员，建立不合格检测台账，每月报委托方备案。

5. 项目建设单位

（1）制造前的准备工作。

1）项目建设单位按照《工程建设文件、图纸与技术资料管理手册》的有关规定，签收、转发并组织工程设计、监理、承包商等单位开展预审工作，上述各参建单位应认真组织送审资料的预审，并提出预审意见。

2）项目建设单位根据合同约定和公司管理要求，组织设计单位、监理单位、施工承包商对提交的技术文件、进度计划、分包和转让、配套设备及关键部件、材料采购等进行审查，必要时可邀请专家进行专题审查，形成审查意见。

3）项目建设单位根据合同约定和施工承包商提交的材料需求计划、进度计划，按时提供制造用钢板等原材料。

（2）制造过程质量管理。

1）项目建设单位专业人员需定期对重要工序、部件进行质量巡视。

2）督促监理单位对施工承包商制造过程缺陷及遗留问题的处理结果进行跟踪。

（三）制造最终验收

压力钢管制造完毕后，施工承包商应及时进行质量检查、监测和资料整理，报请监理工程师按照相关技术文件的要求进行验收和质量评定。

二、闸门、拦污栅制造管理

（一）制造前应具备的资料

（1）设计图样和技术文件，设计图样包括总图、装配图、零件图等。

（2）主要钢材、焊材及防腐材料的质量证书。

（3）标准件和非标准协作件的质量证书。

（4）有关水工建筑物的布置图。

（二）制造过程相关各方职责

1. 设计单位

（1）按照制造技术要求对制造过程进行技术指导。

（2）参与审查设备供货商编写的制造方案、措施。

（3）检查产品的设计修改和质量问题的处理情况。

（4）参与检查重要部件的加工、焊接和热处理工艺及质量保证措施，并检查有关资料。

2. 设备供货商

（1）制造前的准备工作。

1）编制，并上报制造措施计划。编制闸门、拦污栅制造和安装的施工措施计划内容包括：

a. 闸门、拦污栅制造车间、工位布置。

b. 闸门、拦污栅制造和厂内预装各工种的工艺要求，焊接工艺设计。

c. 闸门、拦污栅运输和安装措施。

d. 质量和安全保证措施。

e. 施工进度计划。

f. 监造单位要求提交的其他资料。

2）材料采购计划。根据合同计划和施工图纸的要求，编制闸门、拦污栅材料的采购计划，提交监造单位批准。

3）材料检验成果报告。根据合同相关规定向监造单位提交各项材料检验成果。

4）人员准备。组织从事一、二类焊缝焊接的焊工进行考试，并将考试合格人员提交监造单位批准。

5）测量器具准备。闸门、拦污栅制造所用的钢卷尺和测量仪器的精度应满足《水电工程钢闸门制造安装及验收规范》（NB/T 35045—2014）中的相关要求。

6）编制焊接工艺评定报告和焊接工艺规程，提交监造单位批准。

7）设备供货商应按批准的焊接工艺评定为依据，编制焊接工艺规程，提交监造单位批准。

（2）制造过程质量控制。

1）原材料的质量控制。

a. 闸门、拦污栅制造使用的钢材必须符合设计图样规定，并应具有出厂质量证书。如无质量证书应予复验，复验合格方可使用。

b. 钢板抽样检验项目包括化学成分、力学性能、表面检查，并应按《承压设备无损检测》（NB/T 47013—2015）做超声波探伤检查。

c. 焊接材料（焊条、焊丝、焊剂）必须具有出厂质量证书。

2）制造过程质量控制要点。

a. 应按照相关文件（合同文件、规程规范、焊接工艺评定等）要求，结合工程特点实际情况编制相应的作业指导书、进度计划，并制定妥善的环保和劳动安全措施，报监造单位批准后实施。

b. 应建立健全厂内制造指令检查制度，切实把好施工质量关，严格执行“三检”制度，做好交班检查和工序检查，坚持“上一道工序验收合格后才能进行下一道工序施工”的原则。

c. 加强制造过程中质量检查、监督和控制，施工前编制作业指导书、及时做好施工前的技术培训和交底，确定监造单位和项目建设单位的质量见证点（W 点）和停工待检点（H 点）。

d. 应按照经审查同意的设计图（含设计说明书、设计修改通知单）进行制造，如有修改，应取得监造单位和项目建设单位的书面同意。设备供货商应对修改内容做详细记录，并作为绘制竣工图的依据。

e. 对复杂结构的下料应进行放样，各项闸门、拦污栅的加工、拼装与焊接应按事先编制好的工艺流程和焊接工艺进行，制造过程中应随时进行检测，严格控制焊接变形和焊缝质量，并根据实践对工艺流程和焊接工艺进行修正。

3）制造问题的处理。应按照设计图纸及设计技术要求的规定进行制造，在制造中若发现设计技术要求与施工现场实际情况有不符之处，须及时提出，在征得监造单位同意后，方可进行修改，且应有相应的设计修改通知单或经设计部门书面同意的技术核定单。

3. 监造单位

（1）制造前的准备工作。

1）技术准备。

a. 图纸会审：监造单位应对图纸和设计文件进行审核签发，组织设计交底会。图纸会审时应明确闸门、拦污栅制造的布置情况、制作顺序、详图的结构尺寸及施工图纸的技术要求和说明。

b. 编制闸门、拦污栅制造监造实施细则，确定各部件和工序的质量见证点（W 点）、停工待检点（H 点）。

c. 审批设备供货商上报的施工组织措施、技术方案、焊接工艺评定等文件。

2）人员准备。

a. 审查设备供货商上报的焊工资质，从事闸门一、二类焊缝焊接的焊工必须按《水工金属结构焊工考试规则》（SL 35—2011）、《焊工技术考核规程》（DL/T 679—2012）或《锅炉压力容器管道焊工考试与管理规则》考试合格，具有经水利、电力主管部门或国家有关部门签发的焊工考试合格证。

b. 焊工焊接的钢材种类、焊接方法和焊接位置等均应与焊工本人考试合格的项目相符。

c. 审查设备供货商上报的无损检测人员必须持有国家专业部门签发的资格证书。评定焊缝质量应由Ⅱ级或Ⅱ级以上的检测人员担任。

3）材料准备。

a. 钢板材料进场时，监造工程师通过目视检查和查阅材质保证单，检查产品质量证明书是否齐全及规格尺寸、外观质量等是否满足规范要求对钢板质量做出综合评价。

b. 检查对钢板的超声波探伤和理化性能抽检取样是否合乎有关规定。对钢材质量抽检报告进行审查、认可，并参与钢材验收工作。

c. 根据对购入的焊接材料质量的判断和评价，确定检查项目，指示设备供货商有针对性地对焊接材料进行抽样检查。

（2）制造过程质量监督。

1）开工申请。监造单位在接到设备供货商开工报告申请后，须对各项制造准备工作（包括人员、工艺文件、设备、装置、仪器、辅助材料、焊材保管及发放制度、施工现场、环境保护、施工安全措施等）进行检查。当所有准备工作就绪检查合格后，监造单位签发开工令。

2）制造过程质量监督要点。

a. 监造工程师定期向项目建设单位提交监造周报，监造周报主要内容应反映设备制造进度及存在的问题，同时对设备交货进度与实际制造进度进行对比判断，并附设备制造情况相片。

b. 监造单位应全面掌握项目建设单位与设备供货商之间与合同有关的所有来往文件和图纸资料，保证三方信息一致。

c. 监造单位应建立详细的监造台账，确保监造台账真实完整，以便项目建设单位随时查阅。

d. 对制造过程中出现的缺陷，监造单位必须搞清楚缺陷产生的原因，必要时要求设备供货商暂停施工，监造单位组织会议分析缺陷产生的原因，设备供货商提出缺陷返修措施和整改措施，报送监造工程师批准后再恢复制造。

e. 设备供货商拟改变既定的工艺方法须通过充分论证，并经监造工程师批准。

4. 第三方金属检测试验室

根据项目建设单位的安排和要求，第三方金属检测试验室参加设备出厂验收，检查设备供货商所供闸门、拦污栅设备的材质与图纸要求的材质是否一致，并在对厂内制造焊缝开展相关抽查检测工作。

5. 项目建设单位

（1）制造前的准备工作。

1）项目建设单位按照《工程建设文件、图纸与技术资料管理手册》的有关规定，签收、转发并组织工程设计、监理和设备供货商等单位开展预审工作，上述参建单位应认真组织送审资料的预审，并提出预审意见。

2）项目建设单位根据合同约定和公司管理要求，组织设计单位、监造单位、设备供货商对提交的技术文件、进度计划、分包和转让、配套设备及关键部件、材料采购等进行审查，必要时可邀请专家进行专题审查，形成审查意见。

3）项目建设单位根据合同约定和设备供货商提交的进度计划，并结合现场工程进展情况及时组织开展闸门、拦污栅设备出厂验收和设备供货工作。

（2）制造过程质量管理。

1）项目建设单位专业人员需定期对重要工序、部件加工、外购件等进行质量巡视。

2）督促监造单位跟踪制造过程缺陷及遗留问题的处理结果。

（三）设备出厂验收

1. 参建各方职责

（1）设备供货商。

1）编制出厂验收大纲，提交监造单位、项目建设单位审查。

2）提出机电设备出厂验收申请，提交监造单位确认。

3）提供出厂验收技术资料。

4）负责处理设备出厂验收遗留项。

（2）监造单位。

1）审核出厂验收大纲，并及时提交项目建设单位。

2）对供货承包商提交的机电设备出厂验收申请进行确认。

3）对申请出厂验收的设备进行预验收。

4）检查出厂验收技术资料的完整性。

5）参加出厂验收，跟踪遗留项的处理结果。

（3）项目建设单位。

1）成立出厂验收组，组织出厂验收工作。

2）组织审查供货承包商编制的出厂验收大纲。

3）督促监造单位跟踪遗留项的处理结果。

（4）出厂验收组。

1）参与审查出厂验收大纲，并提出建议。

2）检查产品的设计修改和质量问题的处理情况。

3）检查重要部件的原材料材质检验记录、元器件的检验记录等。

4）检查重要部件的加工、焊接和热处理工艺及质量保证措施，并检查有关资料。

5）对出厂设备的外观工艺和几何尺寸进行全面检查。

6）参与产品主要部件的试验与装配，并对试验结果进行签证。

7）检查产品包装发运准备情况。

8）出具验收结论及验收遗留问题跟踪单。

2. 出厂验收条件及大纲

（1）出厂验收条件。

1）设备供货商应已完成设备的所有加工、制造、检查及试验等工作，且质量记录完整，出厂验收技术资料整理齐备。

2）所有过程中不符合项已按质量保证程序及有关规程处理完毕。

3）验收申请已经通过监造单位确认，预验收合格。

（2）出厂验收大纲。

1）供货承包商应在设备出厂验收 45 天前向监造单位提交出厂验收大纲。

2）监造单位应在 15 天内完成审核，并提交项目建设单位。

3）项目建设单位应在 7 天内完成审批，并确定最终出厂验收大纲。

4）出厂验收大纲内容。在设备出厂验收大纲中，需对验收范围、验收内容、验收的程序及验收的方式等予以明确。制作单位应根据各设备的特性，有针对性的编制验收内容，包括（但不限于）以下内容：

a. 前言（合同内容简述）。

b. 验收的依据及主要技术规范。

c. 出厂验收范围（明细）。

d. 出厂验收项目。

e. 出厂验收程序及安排。

f. 设备制造质量情况及主要性能指标。

g. 设备制造过程中出现的质量缺陷及处理情况。

3. 埋件、闸门及拦污栅设备验收主要内容

（1）门槽埋件。

1）分节制造的门槽埋件应按主轨、副轨、反轨、底槛、门楣分别预组装进行出厂验收，如场地允许，左右主轨应与门楣整体进行预组装验收。预组装可以卧拼或立拼，并在无强制约束状态下进行。

2）验收项目。

a. 主轨、副轨、反轨、底槛、门楣与闸门主支承、侧支承配合的工作面的直线度。

b. 主轨、底槛、门楣水封座面直线度、粗糙度。

c. 主轨、副轨、反轨、底槛、门楣长度、平面度、扭曲度、主支承跨距偏差值。

d. 各节组合处的间隙、错台值；主轨主支承工作面至水封座面的距离偏差值；主轨、副轨、反轨主支承中心至侧向护角的距离偏差值。

e. 各节组合处的编号、标记中心线及定位装置（若设计有）。

（2）闸门及拦污栅。

1）闸门及拦污栅应在卧拼且无强制约束状态下进行验收。一扇由多节组成的闸门及拦污栅应整体进行预组装进行验收。

2）验收项目。

a. 门叶总厚度、总高度。

b. 主支承工作面、止水座面平面度、面板局部平面度。

c. 门叶横向、纵向直线度、两边梁中心距及平行度。

d. 门叶对角线差值、扭曲。

e. 门叶底缘直线度及倾斜值。

f. 两边梁底缘平面（承压板）平面度。

g. 止水座板至支承座面的距离偏差值、侧止水螺孔中心至门叶中心距离偏差值、顶止水中心至门叶底缘距离偏差值。

h. 底水封座板高度偏差值、自动挂钩定位孔（吊耳孔）中心距偏差。

i. 支承滚轮、支承滑道工作面共面度、滚轮对任何平面的倾斜度。

j. 滑道支承面与止水座基准面的平行度。

k. 滚轮或滑道支承跨度偏差值、滑道支承底部与门叶间隙值。

l. 相邻滑道衔接端的高程差值、在同一横断面上，滚轮或主支承滑道的工作面与止水座面的距离偏差值。

m. 各节处间隙、错台值。

n. 闸门、拦污栅左右两吊耳关于门叶中心距离偏差值及上下游中心距离偏差。

o. 门叶中心线、边梁中心线及对角线控制点标记，节间组合处安装控制线、定位装置、各节编号等。

p. 一、二类焊缝内部质量及所有焊缝外观质量及尺寸。

q. 水封表面质量、水封接头质量、侧水封跨距、顶水封至门叶底缘距离、顶水封、侧水封、底水封直线度及压缩量，平压阀（充水装置）密封试验。

r. 尼龙、铸钢件、锻件质量及加工尺寸。

s. 防腐质量（除锈清洁度、粗糙度、热喷涂、漆膜总厚度、表面质量）。

4. 设备供货商应提供的资料

（1）验收申请报告和验收大纲。

（2）设计图样、设计文件及有关会议纪要。

（3）监理文件、指令和通知单。

（4）焊接工艺评定报告、制造工艺文件。

（5）主要材料、标准件及外协加工件质量证明文件。

（6）焊缝质量检验报告。

（7）表面防腐蚀质量报告。

（8）重大缺陷处理记录。

（9）组装检测记录。

（10）埋件、闸门及拦污栅制造质量合格证。

（11）有关试验报告等。

三、启闭机制造管理

主要包括固定式卷扬启闭机、移动式卷扬启闭机、液压启闭机等。

（一）制造前应具备的资料

（1）设计图样和技术文件，设计图样包括总图、装配图、零件图等。

（2）主要钢材、焊材及防腐材料的质量证书。

（3）标准件和非标准协作件的质量证书。

（4）有关水工建筑物的布置图。

（二）制造过程相关各方职责

1. 设计单位

（1）按照制造技术要求对制造过程进行技术指导。

（2）参与审查设备供货商编写的制造方案、措施。

（3）检查产品的设计修改和质量问题的处理情况。

（4）参与检查重要部件的加工、焊接和热处理工艺及质量保证措施，并检查有关资料。

2. 设备供货商

（1）制造前的准备工作。

1）编制并上报制造措施计划。编制启闭机制造的施工措施计划内容包括：

a. 启闭机制造车间、工位布置。

b. 启闭机制造和厂内预装各工种的工艺要求，焊接工艺设计。

c. 启闭机运输和安装措施。

d. 质量和安全保证措施。

e. 施工进度计划。

f. 监造单位要求提交的其他资料。

2）材料采购计划。根据合同计划和施工图纸的要求，编制启闭机材料的采购计划，提交监造单位批准。

3）材料检验成果报告。根据合同相关规定向监造单位提交各项材料检验成果。

4）人员准备。组织从事一、二类焊缝焊接的焊工进行考试，并将考试合格人员提交监造单位批准。

5）测量器具准备。启闭机制造所用的量具和仪表应定期由法定计量管理部门予以检定。

6）编制焊接工艺评定报告和焊接工艺规程，提交监造单位批准。

7）设备供货商应按批准的焊接工艺评定为依据，编制焊接工艺规程，提交监造单位批准。

（2）制造过程质量控制。

1）原材料的质量控制。

a. 启闭机制造使用的钢材必须符合设计图样规定，并应具有出厂质量证书。如无质量证书应予复验，复验合格方可使用。

b. 钢板抽样检验项目包括化学成分、力学性能、表面检查，并应按《承压设备无损检测》（NB/T 47013—2015）做超声波探伤检查。

c. 焊接材料（焊条、焊丝、焊剂）必须具有出厂质量证书。

2）制造过程质量控制要点。

a. 应按照相关文件（合同文件、规程规范、焊接工艺评定等）要求，结合工程特点实际情况编制相应的制造工艺方案、进度计划，并制定妥善的环保和劳动安全措施，报监造单位批准后实施。

b. 应建立健全厂内制造指令检查制度，切实把好施工质量关，严格执行“三检”制度，做好交班检查和工序检查，坚持“上一道工序验收合格后才能进行下一道工序施工”的原则。

c. 加强制造过程中质量检查、监督和控制，制造前编制制造工艺方案，并及时做好技术培训和交底，确定监造单位和项目建设单位的质量见证点（W 点）和停工待检点（H 点）。

d. 应按照经审查同意的设计图（含设计说明书、设计修改通知单）进行制造，如有修改，应取得监造单位和项目建设单位的书面同意。设备供货商应对修改内容做详细记录，并作为绘制竣工图的依据。

e. 根据招标文件、合同文件及图纸技术要求，按照工艺设计程序进行图纸的工艺性审核，拟定流程和工艺措施的合理可靠，并满足检验计划的要求。

f. 设备整体焊接后采取释放应力的措施，并进行整形。按技术要求进行检查，发现扭曲或不平可采用火焰矫正，符合要求再整体复拼。复拼状态达到允许偏差要求后，准确划出各面加工线，并兼顾各相关尺寸要求，经全面检查合格后进行机加工。

g. 为保证启闭机设备装配的正确性和完整性，厂内生产的启闭机出厂前均进行整体总拼、检测与空载运行试验，在运输允许的情况下，尽量进行整机发运交货，最大程度的方便工地安装使用，保证工程质量与进度。

3）制造问题的处理。应按照设计图纸及设计技术要求的规定进行制造，在制造中若发现设计技术要求与现场制造实际情况有不符之处，须及时提出，在征得监造单位同意后，方可进行修改，且应有相应的设计修改通知单或经设计部门书面同意的技术核定单。

3. 监造单位

（1）制造前的准备工作。

1）技术准备。

a. 图纸会审。监造单位应对图纸和设计文件进行审核签发，组织设计交底会。图纸会审时应明确启闭机制造的布置情况、制作顺序、详图的结构尺寸及施工图纸的技术要求和说明。

b. 编制启闭机制造监造实施细则，确定各部件和工序的质量见证点（W 点）、停工待检点（H 点）。

c. 审批设备供货商上报的制造组织措施、技术方案、焊接工艺评定等文件。

2）人员准备。

a. 审查设备供货商上报的焊工资质，从事闸门一、二类焊缝焊接的焊工必须按《水工金属结构焊工考试规则》（SL 35—2011）、《焊工技术考核规程》（DL/T 679—2012）或《锅炉压力容器管道焊工考试与管理规则》考试合格，具有经水利、电力主管部门或国家有关部门签发的焊工考试合格证。

b. 焊工焊接的钢材种类、焊接方法和焊接位置等均应与焊工本人考试合格的项目相符。

c. 审查施工承包商上报的无损检测人员必须持有国家专业部门签发的资格证书。评定焊缝质量应由Ⅱ级或Ⅱ级以上的检测人员担任。

3）材料准备。

a. 机架、合塞缸等材料进场时，监造单位通过目视检查和查阅材质保证单，检查产品质量证明书是否齐全及规格尺寸、外观质量等是否满足规范要求对钢板质量做出综合评价。

b. 检查对钢板的超声波探伤和理化性能抽检取样是否合乎有关规定。对钢材质量抽检报告进行审查、认可，并参与钢材验收工作。

c. 根据对购入的焊接材料质量的判断和评价，确定检查项目，指示设备供应商有针对性地对焊接材料进行抽样检查。

（2）制造过程质量监督。

1）开工申请。监造单位在接到设备供货商开工报告申请后，须对各项制造准备工作（包括人员、工艺文件、设备、装置、仪器、辅助材料、焊材保管及发放制度、制造现场、环境保护、制造安全措施等）进行检查。当所有准备工作就绪检查合格后，监造单位签发开工令。

2）制造过程质量监督要点。

a. 监造单位驻厂监造应于每周五 17:00 之前向项目建设单位提交监造周报，监造周报主要内容应反映设备制造进度及存在的问题，同时对设备交货进度与实际制造进度进行对比判断，并附设备制造情况相片。

b. 监造单位应全面掌握项目建设单位与设备供应商之间与合同有关的所有来往文件和图纸资料，保证三方信息一致。

c. 监造单位应建立详细的监造台账，确保监造台账真实完整，以便项目建设单位随时查阅。

d. 对制造过程中出现的缺陷，监造单位必须搞清楚缺陷产生的原因，必要时要求设备供货商暂停施工，监造单位组织会议分析缺陷产生的原因，设备供货商提出缺陷返修措施和整改措施，报送监造工程师批准后再恢复施工。

e. 设备供货商拟改变既定的工艺方法须通过充分论证，并经监造工程师批准。

4. 项目建设单位

（1）制造前的准备工作。

1）项目建设单位按照《工程建设文件、图纸与技术资料管理手册》的有关规定，签收、转发并组织工程设计、监理、设备供应商等单位开展预审工作，上述参建单位应认真组织送审资料的预审，并提出预审意见。

2）项目建设单位根据合同约定和公司管理要求，组织设计单位、监造单位、设备供货商对提交的技术文件、进度计划、分包和转让、配套设备及关键部件、材料采购等进行审查，必要时可邀请专家进行专题审查，形成审查意见。

3）项目建设单位根据合同约定和设备供应商提交的进度计划，并结合现场工程进展情况及时组织开展设备出厂验收和供货工作。

（2）制造过程质量管理。

1）项目建设单位专业人员需定期对重要工序、部件加工等进行质量巡视。

2）督促监造单位跟踪制造过程缺陷及遗留问题的处理结果。

（三）设备出厂验收

1. 参建各方职责

（1）设备供应商。

1）编制出厂验收大纲，提交监造单位、项目建设单位审查。

2）提出启闭机设备出厂验收申请，提交监造单位确认。

3）提供出厂验收技术资料。

4）负责处理设备出厂验收遗留项。

（2）监造单位。

1）审核出厂验收大纲，并及时提交项目建设单位。

2）对供货承包商提交的机电设备出厂验收申请进行确认。

3）对申请出厂验收的设备进行预验收。

4）检查出厂验收技术资料的完整性。

5）参加出厂验收，跟踪遗留项的处理结果。

（3）项目建设单位。

1）成立出厂验收组，组织出厂验收工作。

2）组织审查设备供应商编制的出厂验收大纲。

3）督促监造单位跟踪遗留项的处理结果。

（4）出厂验收组。

1）参与审查出厂验收大纲，并提出建议。

2）检查产品的设计修改和质量问题的处理情况。

3）检查重要部件的原材料材质检验记录、元器件的检验记录等。

4）检查重要部件的加工、焊接和热处理工艺及质量保证措施，并检查有关资料。

5）对出厂设备的外观工艺和几何尺寸进行全面检查。

6）参与产品主要部件的试验与装配，并对试验结果进行签证。

7）检查产品包装发运准备情况。

8）出具验收结论及验收遗留问题跟踪单。

2. 出厂验收条件及大纲

（1）出厂验收条件。

1）供货承包商应已完成设备的所有加工、制造、检查及试验等工作，且质量记录完整，出厂验收技术资料整理齐备。

2）所有过程中不符合项已按质量保证程序及有关规程处理完毕。

3）验收申请已经通过监造单位确认，预验收合格。

（2）出厂验收大纲。

1）设备供应商应在设备出厂验收 45 天前向监造单位提交出厂验收大纲。

2）监造单位应在 15 天内完成审核，并提交项目建设单位。

3）项目建设单位应在 7 天内完成审批，并确定最终出厂验收大纲。

4）出厂验收大纲内容。在设备出厂验收大纲中，需对验收范围、验收内容、验收的程序及验收的方式等予以明确。设备供应商应根据各设备的特性，有针对性的编制验收内容，包括（但不限于）以下内容：

a. 前言（合同内容简述）。

b. 验收的依据及主要技术规范。

c. 出厂验收范围（明细）。

d. 出厂验收项目。

e. 出厂验收程序及安排。

f. 设备制造质量情况及主要性能指标。

g. 设备制造过程中出现的质量缺陷及处理情况。

3. 固定式卷扬启闭机设备验收主要内容

（1）机架几何尺寸允许偏差及焊接质量、各安装部件垫块的平面度。

（2）钢丝绳、滑轮、卷筒、联轴器、制动器的型号、规格尺寸及制造装配质量。

（3）整体组装检查各零部件组合质量，并进行空载模拟试验（有条件情况下做额定负荷试验）。

（4）检验仪表高度指示器和负荷指示器及调整说明书。

4. 移动式卷扬启闭机设备验收主要内容

（1）门架及行走台车、小车应分别预组装。

（2）门架、小车架各构件尺寸允许偏差、焊缝质量。

（3）主梁跨中上拱度、侧向弯曲度、主梁上翼板水平倾斜偏差、腹板垂直偏斜偏差。

（4）小车轨道跨距、同一断面高程差值、轨道中心与主梁腹板中心位置偏差，小车轨道与大车主梁翼板贴合间隙。

（5）钢丝绳、滑轮、卷筒、联轴器、制动器、减速器的型号、规格及制造装配质量。

（6）检验仪表高度指示器和负荷指示器及调整说明书。

（7）车轮铸造及加工质量、车轮装配后的径向跳动及端面跳动量。

（8）自动挂脱梁静平衡试验、小车空载试验、整车静载试验及动载试验（有条件情况下）。

（9）防腐质量（除锈清洁度、粗糙度、热喷涂、漆膜总厚度、表面质量）。

5. 液压启闭机设备验收主要内容

（1）油缸总成与液压站应进行组装进行机、电、液联调出厂验收。

（2）进行空载试验、最低动作压力试验、耐压试验、外泄漏试验、内泄漏试验、最大行程试验等。

（3）试验合格的油缸、油箱及管路的所有外露油口应用耐用油塞子封口。

（4）电气设备检验：外形整洁美观、无损坏；操作机构及附件操作灵活，各辅助开关触点分、合闸动作正确；电气回路的绝缘电阻不小于 0.5MΩ。

四、钢结构制造管理

钢结构主要包括钢网架、钢盖板等的地下厂房、开关站及附属建筑物钢结构及其埋设件的制作和安装。

（一）制造前应具备的资料

（1）钢结构设计图纸、设计图样和技术文件。

（2）钢结构设计复核及评定报告。

（3）主要钢材、焊材及防腐材料的质量证书。

（4）标准件和非标准协作件的质量证书。

（二）制造过程相关各方职责

1. 设计单位

（1）提交设计技术要求、荷载分布等相关技术指标。

（2）参与审查设备供货商编写的设计制造方案。

（3）检查产品的设计修改和质量问题的处理情况。

（4）审查厂房网架的布置图、加工图、装配图，以及其所需的预埋件布置图等。

（5）审查屋面送、排烟口，检修吊孔布置，检修栈道，风管托架槽钢及托板等布置图。

2. 设备供货商

（1）制造前的准备工作。

1）编制并上报制造措施计划。编制钢结构制造的施工措施计划内容包括：

a. 钢结构制造车间、工位布置。

b. 钢结构制造和厂内预装各工种的工艺要求、焊接工艺设计等。

c. 钢结构运输措施方案。

d. 质量和安全保证措施。

e. 施工进度计划。

f. 项目建设单位要求提交的其他资料。

2）材料采购计划。根据合同计划和施工图纸的要求，编制钢结构材料的采购计划，提交基建项目建设单位备案。

3）材料检验成果报告。根据合同相关规定向基建项目建设单位提交各项材料检验成果。

（2）制造过程质量控制。

1）原材料的质量控制。

a. 钢结构制造使用的钢材必须符合设计图样规定，并应具有出厂质量证书。如无质量证书应予复验，复验合格方可使用。

b. 用于制造构件的所有材料应根据使用条件考虑强度、刚度、弹性变形、温度应力、耐用性和其他化学、物理性能，选用最适用的、无损伤和缺陷的材料，并符合现行有效的国家及行业相关标准。

c. 焊接材料（焊条、焊丝、焊剂）必须具有出厂质量证书。

2）制造过程质量控制。

a. 应按照相关文件（合同文件、规程规范、焊接工艺评定等）要求，结合工程特点实际情况编制相应的进度计划，并制定妥善的环保和劳动安全措施，报基建项目建设单位批准后实施。

b. 应建立健全厂内制造指令检查制度，切实把好施工质量关，严格执行“三检”制度，做好交班检查和工序检查，坚持“上一道工序验收合格后才能进行下一道工序施工”的原则。

c. 加强制造过程中质量检查、监督和控制，施工前编制制造工艺方案，及时做好施工前的技术培训和交底。

d. 应按照经审查同意的设计图（含设计说明书、设计修改通知单）进行制造，如有修改，应取得项目建设单位的书面同意。设备供货商应对修改内容做详细记录，并作为绘制竣工图的依据。

3）制造问题的处理。应按照设计图纸及设计技术要求的规定进行制造，在制造中若发现设计技术要求与施工现场实际情况有不符之处，须及时提出，在征得项目建设单位同意后，方可进行修改，且应有相应的设计修改通知单或经设计部门书面同意的技术核定单。

3. 项目建设单位

（1）制造前的准备工作。

1）项目建设单位按照《工程建设文件、图纸与技术资料管理手册》的有关规定，签收、转发并组织工程设计、监理、设备供应商等单位开展预审工作，上述参建单位应认真组织送审资料的预审，并提出预审意见。

2）项目建设单位根据合同约定和公司管理要求，组织设计单位、监造单位、设备供货商对提交的技术文件、进度计划、分包和转让、配套设备及关键部件、材料采购等进行审查，必要时可邀请专家进行专题审查，形成审查意见。

3）项目建设单位根据合同约定和设备供应商提交进度计划，并结合现场工程进展情况及时组织开展设备验收和供货工作。

（2）制造过程质量管理。

1）项目建设单位专业人员需定期对重要工序、部件进行质量巡视。

2）项目建设单位督促跟踪制造过程缺陷及遗留问题的处理结果。

（三）设备验收

1. 参建各方职责

（1）设备供应商。

1）编制验收大纲，提交项目建设单位审查。

2）提出设备验收申请。

3）提供验收技术资料。

4）负责处理设备验收遗留项。

（2）项目建设单位。

1）成立验收组，组织验收工作。

2）组织审查供货承包商编制的验收大纲。

3）督促监造单位跟踪遗留项的处理结果。

（3）出厂验收组。

1）参与审查验收大纲，并提出建议。

2）检查产品的设计修改和质量问题的处理情况。

3）检查重要部件的原材料材质检验记录、元器件的检验记录等。

4）检查重要部件的加工、焊接和热处理工艺及质量保证措施，并检查有关资料。

5）对出厂设备的外观工艺和几何尺寸进行全面检查。

6）参与产品主要部件的试验与装配，并对试验结果进行签证。

7）检查产品包装发运准备情况。

8）出具验收结论及验收遗留问题跟踪单。

2. 验收条件及大纲

（1）验收条件。

1）设备供应商应已完成设备的所有加工、制造、检查及试验等工作，且质量记录完整，出厂验收技术资料整理齐备。

2）所有过程中不符合项已按质量保证程序及有关规程处理完毕。

3）验收申请已通过监造单位确认，预验收合格。

（2）验收大纲。

1）设备供应商应在设备出厂验收 45 天前向监造单位提交验收大纲。

2）项目建设单位应在 7 天内完成审核、审批，并确定最终验收大纲。

3）验收大纲内容。在设备验收大纲中，需对验收范围、验收内容、验收的程序及验收的方式等予以明确。设备供应商应根据各设备的特性，有针对性的编制验收内容，包括（但不限于）以下内容：

a. 前言（合同内容简述）。

b. 验收的依据及主要技术规范。

c. 验收范围（明细）。

d. 验收项目。

e. 验收程序及安排。

f. 设备制造质量情况及主要性能指标。

g. 设备制造过程中出现的质量缺陷及处理情况。

3. 钢结构设备验收主要内容

对重要原材料的材质证明书、外购件合格证、焊缝无损探伤检测报告等进行抽检和验收。

五、质量管控

（一）强制性条文执行

（1）根据《中华人民共和国工程建设标准强制性条文（电力工程部分）》《实施工程建设强制性标准监督规定》，工程建设、设计、监理、制造等单位应制定强制性条文执行计划，相关工程管理及技术人员应熟悉、掌握强制性条文。

（2）金属结构设备制造过程中，参建各单位应严格执行强制性条文，不符合强制性条文规定的，应及时整改，并应保存整改记录。未整改合格的，严禁通过验收。

（3）设备供货商、监造单位在制造过程中如发现设计文件有不符合强制性条文规定的，应及时向设计或项目建设单位提出书面意见或建议。

（4）设备图纸设计阶段，强制性条文执行的主体责任单位为设计单位。设计单位应在设计图纸中详细列出所执行的强制性条文内容，并据实填写抽水蓄能电站工程设计强制性条文执行检查表。

（5）强制性条文执行情况的检查主体责任单位为监理和监造单位。项目建设单位机电部结合设计图纸审查、出厂验收对建设强制性条文执行的计划、检查等实施情况进行监督、检查。

（二）制造质量管控

1. 设计质量管控

（1）主要设备设计图纸、文件审查的目的是为了确保设计图纸、文件符合国家、行业和国家电网公司相关要求，减少图纸中的差错，保证工程和设备质量。

（2）项目建设单位组织相关参建单位（必要时还应聘请专家），对设备承包商设计的图纸进行审查，形成审查意见并填报"×××项目图纸和文件审查意见表"，经项目建设单位分管领导批准后送交设备供货商。

（3）项目建设单位应对设备供货商落实审查情况进行监督检查。

（4）设备供货商的最终版设备图纸、文件（包括设备使用说明书、出厂调试报告等），需经设计单位审查、盖章，项目建设单位确认后分发设备供货商、监理、施工承包商使用。

2. 制造质量管控

（1）项目建设单位依据《抽水蓄能电站设备监造技术导则》（Q/GDW 11583—2016）规定，委托监造单位，对设备供货商的制造过程进行全过程管理，并监督设备、材料、工艺、组装、检验、试验和设备包装质量情况。

（2）监造单位通过驻厂监造、关键点见证等方式，对监造业务范围内设备采购、制造、厂内组装、检验、试验、包装发运及交货批次和进度进行全过程监督，负责监督技术监督和反措要求在设备制造阶段的落实，向项目建设单位报告设备监造情况。

（3）设备供货商负责分包商的管理，确保由不同分包商供货设备之间的配合和接口顺利、有效和可靠。

（4）项目建设单位负责审核监造单位编制的设备监造实施细则，监督、考核监造单位的服务质量，根据合同约定参与设备制造过程的关键点见证和出厂试验（验收），协调处理监造过程中发现的质量、进度问题。

（5）项目建设单位对于验收过程中发现的问题或需整改项，验收人员除在验收纪要里明确外，还应按整改问题逐条发出验收遗留问题跟踪单，由供货承包商负责整改，项目建设单位（或委托监造代表）跟踪验证。

（三）金属结构技术监督

（1）金属技术监督是电力建设中技术监督的重要组成部分，是保证抽水蓄能电站安全生产的重要措施，其目的是通过对受监部件检测和诊断，及时了解并掌握设备金属部件的质量情况和使用寿命，防止由于材料疲劳、蠕变、高温氧化、焊接缺陷、运行状况不良、应力状态不当等因素而引起的各类事故，从而提高设备安全运行的可靠性，延长设备的使用寿命。

（2）基建期金属结构技术监督主要内容如下。

1）检查制造厂家供货设备的材质与图纸要求的材质是否一致。

2）检查制造厂家供货的设备供应商设备的焊缝质量。

3）每月编制金属技术监督报告，提交给项目建设单位。

4）金属技术监督报告主要内容应包括（但不限于）：

a. 文件资料审查情况。文件资料审查情况应包括金属试验室管理体系、制度建设情况，设备仪器运行情况、计量器具使用情况、工程应用的专业法规、标准配备情况；钢材、焊材管理情况；施工等相关单位质量控制情况。

b. 电站钢板材料的复核情况。重点描述送检的钢材原材料试验结果。

c. 设备制造焊接情况。重点描述施工承包商送检的压力钢板对接焊缝、制造焊缝、组合焊缝、板材的试验检验结果，可参照表 3–1 统计结果。

表 3–1　　试验检验结果统计表

序号	项目名称	焊口总数	检验数	检验类别	一次合格率	备注
1						
2						
3						
4						
5						
…						

d. 工程无损检测工作质量情况。重点描述射线探伤抽查结果、超声波探伤抽查结果、其他检测方法抽查结果，上述抽查结果可列表统计。

e. 其他技术服务情况。重点描述金属试验室参与工程建设服务的有关工作联系事宜，如参加监造例会情况、不合格检测结果处理情况、出厂验收其他事宜等。

f. 存在的问题和整改建议。

思考与练习

1. 简述压力钢管设备供应商制造质量的控制过程及内容。
2. 简述闸门、拦污栅制造监理的工作职责内容。
3. 简述启闭机设备出厂验收的流程及内容。
4. 简述基建期金属结构技术监督主要内容。

模块2　金属结构安装管理（Ⅱ级）

模块描述　本模块主要介绍金属结构设备安装方案审查、强制性条文及反措检查落实、质量验收标准等主要内容，通过流程和要点讲解，能够对压力钢管、闸门、拦污栅、启闭机、钢网架和钢结构的现场安装进行有效管控。

正文

一、压力钢管安装管理

压力钢管安装包括直管段、弯管段、岔管及附件等部件的安装，工序主要有控制测量点的标识、钢管运输、定位节安装、管节拼装及焊接、管节支撑加固、灌浆孔封堵、凑合节安装、附件安装、焊缝防腐、充排水试验等。施工承包商在开始安装焊接前需进行焊接工艺评定，安装过程中需严格按照批准的施工工艺进行安装。安装完成后需经第三方金属检测试验室探伤检查合格。

（一）安装前应具备的资料

（1）设计单位提供的施工设计图纸。

（2）设计单位提供的安装技术要求。

（3）焊接材料、防腐材料等的质量证明书。

（4）有关水工建筑物的布置图。

（二）安装过程相关各方职责

1. 设计单位

（1）按照安装技术要求现场对安装全过程进行指导。

（2）参与审查施工承包商编写的施工组织措施。

（3）检查设备安装过程中的设计修改和质量问题的处理情况。

（4）参与检查重要部件的安装、焊接和热处理工艺及质量保证措施，并检查有关记录资料。

2. 施工承包商

（1）安装前的准备工作。

1）编制并上报安装施工组织措施。编制钢管安装组织措施提交监理人批准，其内容包括：

a. 钢管运输及安装方案措施。

b. 钢管安装各工种的工艺要求，钢岔管的现场拼装、焊接工艺设计。

c. 钢管中厚板单面焊接的技术方案和质量保证措施。

d. 钢管接触灌浆施工方法。

e. 质量和安全保证措施。

f. 钢管充排水试验方案。

g. 监理人要求提交的其他资料。

2）材料采购计划。根据合同计划和施工图纸的要求，编制压力钢管安装材料的采购计划，提交监理人批准。

3）材料检验成果报告。根据合同相关规定向监理人提交各项材料检验成果。

4）人员准备。组织从事一、二类焊缝焊接的焊工进行考试，并将考试合格人员提交监理人批准。

5）测量器具准备。钢管安装所用的钢卷尺、超声波测厚仪、水准仪、全站仪等测量器具，测量精度应满足《水电水利工程压力钢管制作安装及验收规范》（GB 50766—2012）中的相关要求。

6）编制安装焊接工艺评定报告和焊接工艺规程，提交监理人批准。

7）施工承包商应按批准的焊接工艺评定为依据，编制焊接工艺规程，提交监理人批准。

8）压力钢管安装的质量检查记录。施工承包商压力钢管安装过程中，根据监理人的指示，提交压力钢管安装的质量检查记录。

9）涂装工艺措施报告和质量检验成果。施工承包商应编制钢管涂装工艺措施，提交监理人批准。涂装工作完成后将涂装质量检验成果提交监理人。

10）压力钢管充排水试验措施计划和试验成果报告。施工承包商应编制压力钢管充排水试验措施计划，提交监理人批准。试验结束后，将试验成果报告提交监理人。

（2）原材料的质量控制。

1）压力钢管安装用钢板的力学性能、表面质量等均应符合合同文件、规程规范、设计文件等规定，并应具有出厂质量证明书，所有钢板均应进行抽样检验，检验合格后方可使用。

2）钢板抽样检验项目包括化学成分、力学性能、表面检查，并应按《承压设备无损检测》（NB/T 47013—2015）做超声波探伤检查，合格标准为高强钢Ⅱ级；压力容器用低合金钢Ⅲ级。

3）压力钢管安装用钢板的尺寸、厚度及允许偏差必须符合《热轧钢板和钢带的尺寸、外形、重量及允许偏差》（GB/T 709—2006）、《锅炉和压力容器用钢板》（GB 713—2014）及设计文件规定。钢板长度和宽度偏差均为正偏差，不能有负偏差；钢板厚度负偏差为 0。

4）压力钢管安装焊接材料的品种应与母材和焊接方法相适应，且焊接材料应具有出厂质量证明书，其化学成分、力学性能、扩散氢含量等技术参数，应符合《水电水利工程压力钢管制造安装及验收规范》（DL/T 5017—2012）第 3.2.6 条的要求。

5）焊接所选用的焊条、焊丝、焊剂、保护气体等应与所施焊的钢种相匹配。

（3）钢管运输及就位。

1）根据运输钢管部件的不同情况，制定详细的运输措施，其内容包括采用的吊装、运输、防止钢管变形的加固措施等。

2）运输成型的钢管管节时，应在管节内加设内支撑。内支撑的焊接和拆除应遵守《水电水利工程压力钢管制造安装及验收规范》（DL/T 5017—2007）第 6.3.13、5.2.4 条的规定。

3）在埋管外部混凝土终凝前，不得拆除内支撑。

4）管节运输时，应将钢管安放在鞍形支座或加垫木梁上，以保护管节及其坡口免遭破坏。

5）运输异地制作的瓦片时，应将瓦片堆放在与瓦片弧度相同的弧形支架上，并注意瓦片边缘和坡口免受撞击损坏。

6）采用钢索捆扎吊运钢管时，应在钢索与钢管之间加设软垫。

（4）安装过程质量控制。

1）应按照相关文件（合同文件、规程规范、焊接工艺评定等）要求，结合工程特点实际情况编制相应的安装施工方案、进度计划，并制定妥善的环保和劳动安全措施，报监理工程师批准后实施。

2）应建立健全施工指令检查制度，切实把好施工质量关，严格执行“三检”制度，做好交班检查和工序检查，坚持“上一道工序验收合格后才能进行下一道工序施工”的原则。

3）安装标准要求。

a. 钢管的直管、弯管等附件与施工图纸规定的轴线平行度误差应不大于 0.2%。

b. 钢管安装中心的偏差和管口圆度应遵守《水电水利工程压力钢管制造安装及验收规范》（DL/T 5017—2007）第 5.2.1、5.2.3 条的规定。

c. 钢管始装节的里程偏差不应超过±5mm，弯管起点的里程偏差不应超过±10mm；始装节两端管口垂直偏差不应超过±3mm。

d. 鞍形支座的顶面弧度间隙不应大于 2mm。

e. 引水钢管安装质量检验项目及质量标准见表 3–2。

表 3–2　　　　引水钢管安装质量检验项目及质量标准

序号	检查项目	质量标准		检验记录
1	△始装节管口中心	≤5		
2	△始装节管口里程	±5		
3	△始装节两端管口垂直度	±3		
4	弯管起点里程	±10		
5	与球阀、岔管连接的管节及弯管起点管口中心	2m＜D≤5m	10	
6		5m＜D≤8m	12	
7	其他部位管节管口中心	2m＜D≤5m	20	
8		5m＜D≤8m	25	
9	△钢管圆度	≤5D/1000		

续表

序号	检查项目	质量标准		检验记录
10	△环缝错位	$\delta \leqslant 30$	15%δ且$\leqslant 3$	
11		$30 < \delta \leqslant 60$	10%δ	
12	△裂纹	不允许		
13	△表面夹渣	不允许		
14	△咬边	深度≤0.5		
15	未焊满	不允许		
16	△表面气孔	不允许		
17	飞溅	不允许		
18	焊瘤	不允许		
19	焊缝余高Δh	手工焊	$\delta \leqslant 25$、$\Delta h=0 \sim 2.5$ $25 < \delta \leqslant 50$、$\Delta h=0 \sim 3$	
20		自动焊	0～4	
21	焊缝宽度	手工焊	盖过每边坡口宽度1～2.5，且平缓过渡	
22		自动焊	盖过每边坡口宽度2～7，且平缓过渡	
23	外壁的表面清除	外壁上的临时支撑、夹具和焊疤清除干净		
24	外壁局部凹坑焊补	外壁上深度大于板厚10%或大于2mm的凹坑已焊补		
25	内壁的表面清除	内壁上的临时支撑、夹具和焊疤清除干净		
26	内壁局部凹坑焊补	内壁上深度大于板厚10%或大于2mm的凹坑已焊补		
27	埋管内壁防腐蚀表面处理	清除铁锈、氧化皮、焊渣、油污、灰尘、水分等，露出灰白色金属光泽		
28	埋管内壁涂料涂装	涂层表面干净光滑、颜色均匀一致，无皱皮、起泡、流挂、针孔、裂纹、漏涂缺欠		
29		粘胶带拉拔涂层是否剥离		
30		涂层厚度满足两个85%要求		
31	灌浆孔堵焊	堵焊后表面平整，无裂缝、渗水		

注　“△”项为质量验评项目。

4）安装支撑。

a. 安装时，钢管应支撑牢固，防止变位。

b. 安装临时支撑应尽量焊在加劲环上。若须焊在管壁上，则应先在管壁上焊垫板，垫板尺寸不小于100mm×100mm×10mm。

c. 在永久支撑满足施工图纸要求时，才能拆除临时支撑，支撑附件的拆除应不得伤及母材。

5）现场安装焊接。

a. 按照产品焊接试板、焊前清理、定位焊、装配校正、预热、焊接、后热处理等生产性施焊的规定进行现场焊接。

b. 在现场焊接钢管环缝前，应校测钢管位置和管口圆度，若发现其安装偏差超过规定时，应及时纠正，并经监理人检查认可后，才准施焊。

c. 定位焊后应尽快焊接安装环缝，每条焊缝应连续完成，不得中断。焊接过程中，若遇到相对湿度大于90%等不利环境条件时，应采取有效的防护措施。

d. 安装环缝应由两名或两名以上焊工，按同向对称进行焊接。

6）观测仪器的埋设应遵守《水电水利工程压力钢管制造安装及验收规范》（DL/T 5017—2007）的相关规定，不妨碍钢管运行的施工支座可不予拆除。

7）安装问题的处理。

a. 应按照设计图纸及设计技术要求的规定进行安装，在安装施工中若发现设计技术要求与施工现场实际情况有不符之处，须及时提出，在征得监理工程师同意后，方可进行修改，且应有相应的设计修改通知单或经设计部门书面同意的技术核定单。

b. 现场安装焊缝的缺陷处理应严格按照《水电水利工程压力钢管制造安装及验收规范》（DL/T 5017—2007）第 6.5 节的规定进行缺陷部位的返修，并做好记录，直至监理人检查合格为止。

（5）安装焊缝的涂装。

1）编制钢管涂装工艺措施，应详细说明各种涂装材料的施涂方法、使用设备、质量检验和涂装缺陷修补措施。

2）按照合同及相关规范要求开展钢管表面预处理工作。

3）施涂前应根据施工图纸要求和涂料生产厂的规定进行工艺试验。

4）清理后的安装焊缝表面在潮湿气候条件下，涂料应在 4h 内涂装完成，金属喷涂应在 2h 内完成。

5）涂装材料的使用应按施工图纸及涂料生产制造厂的说明书进行。涂装材料品种及涂装层数、厚度、间隔时间、调配方法等应严格按厂家要求执行。

6）当空气中相对湿度超过 85%、钢材表面温度低于大气露点 3℃，以及产品说明书规定的不利环境时，均不得进行涂装。

7）钢管防腐其他技术要求应遵守《水电水利工程金属结构设备防腐蚀技术规程》（DL/T 5358—2006）的有关规定。

3. 监理单位

（1）安装前的准备工作。

1）技术准备。

a. 图纸会审：监理单位严格按照国家电网公司《电力建设工程施工技术管理导则》（简称导则）的要求做好图纸会审工作。图纸会审时应明确钢管管节的布置情况、制作顺序、详图的结构尺寸及安装施工图纸的技术要求和说明。

b. 设计技术交底：应按照导则和技术规范规定，每个单元工程必须分级进行施工技术交底。技术交底的内容要充实，具有针对性和指导性，全体参加施工的人员都要参加交底并签字，形成书面交底记录。

c. 编制压力钢管安装监理实施细则。

d. 组织审批施工承包商上报的施工组织措施、技术方案、焊接工艺评定等文件。

2）人员准备。

a. 审查施工承包商上报的焊工，必须持有劳动部门颁发的锅炉、压力容器焊工考试合格证书或通过能源部、水利部颁发的适用于水利水电工程压力钢管制造、安装的焊工考试规则的考试，并持有有效合格证书，并组织符合资质要求的焊工进行现场试件考试。

b. 审查施工承包商上报的无损检测人员必须持有国家专业部门签发的资格证书。评定焊缝质量应由Ⅱ级或Ⅱ级以上的检测人员担任。

3）材料准备。

a. 钢板安装材料进场时，监理通过目视检查和查阅材质保证单，检查产品质量证明书是否齐全及规格尺寸、外观质量等是否满足规范要求对钢板质量做出综合评价。

b. 检查对钢板的超声波探伤和理化性能抽检取样是否合乎有关规定。对钢材质量抽检报告进行审查、认可，并参与钢材验收工作。

c. 根据对购入的焊接材料质量的判断和评价，确定检查项目，指示施工承包商有针对性地对焊接材料进行抽样检查。

（2）安装过程质量监督。

1）开工申请。

监理单位在接到开工报告申请后，须对各项施工准备工作（包括人员、工艺文件、设备、装置、仪器、辅助材料、焊材保管及发放制度、安装施工现场、环境保护、施工安全措施等）进行检查。当所有工作准备就绪检查合格后，监理单位签发开工令。

2）一般要求。

a. 在钢管安装过程中的每一道工序（钢管运输、定位节安装、管节拼装及焊接、管节支撑加固、灌浆孔封堵、凑合节安装、附件安装、焊缝防腐、充排水试验等）的开始阶段，监理工程师均要进行旁站监督，了解设备、工艺、人员及安全状况，以便随时做出调整，直至进入正常生产状态。

b. 对施工过程中出现的缺陷，监理工程师必须搞清楚缺陷产生的原因，必要时要求施工承包商暂停施工，监理组织会议分析缺陷产生的原因，施工承包商提出缺陷返修措施和整改措施，报送监理工程师批准后再恢复施工。

c. 施工承包商拟改变既定的工艺方法须通过充分论证，并经监理工程师批准。

3）安装质量控制监督。

a. 在压力钢管安装开始前由监理单位组织对压力钢管制作设备进行检查，对焊工持证情况进行检查，对持证焊工采用与拟焊设备相同的板材进行考核，经考核合格后方可从事焊接作业。

b. 压力钢管安装前要求施工承包商按照《水电水利工程压力钢管制造安装及验收规范》（DL/T 5017—2007）进行焊接工艺评定，根据焊接工艺评定结果编制上报焊接工艺指导书，经监理审核批准后方可开始焊接作业。

c. 压力钢管安装前由监理单位组织对安装用钢板进行抽检，由第三方金属检测试验室进行检测分析，检验合格后方可投入使用。

d. 压力钢管安装过程中监理工程师重点控制焊材烘干、保温，母材预热、焊接过程中层间温度，钢管制作尺寸偏差、焊缝间隙、错牙等方面。

e. 在焊缝开焊前由监理工程师组织对组装尺寸偏差、焊条烘干、母材预热、焊缝周边打磨、焊接设备、人员准备等进行检查，验收合格后签发“开焊证”。

f. 在防腐涂料处理前由监理工程师对防腐喷砂进行工序验收，验收合格后进入涂装环节；防腐涂料施工在 4h 内完成，雨雾天气严禁施工。

g. 压力钢管运输前由监理工程师检查运输车辆、吊车、手动葫芦等设备的完好状况，钢管吊装过程中用木方垫于钢管底部作为钢管运输支撑，利用手动葫芦等设备将钢管固定在拖车上，以便减少钢管运输产生的变形。

h. 在压力钢管定位节安装调整完成后由测量监理单位组织相关单位测量人员进行验收，保证中心、高程、里程定位准确，由金属结构监理工程师对钢管外支撑加固、钢管外排水检查合格后进入混凝土浇筑工序。

i. 压力钢管组装是对压力钢管中心偏差、高程、里程偏差、错牙情况的控制，要求钢管组对时要对环缝对口错边等关键环节严格控制，从而在管口圆度和管口垂直度上达到设计和规范要求。在压力钢管组装完成后由监理进行检查验收，检查确认具备焊接条件后方可开焊。

j. 压力钢管洞内安装焊接前监理工程师重点检查防风、防水措施，焊条烘干、保温；焊接过程中控制高强钢钢管焊缝预热温度和层间温度，焊接过程中的消除应力措施等。

k. 压力钢管安装前进行安装控制点测量放线，沿钢管轴线间距约 10m 测放一个中心点，同时测出其高程和里程，作为永久标记以备安装使用；由测量人员在现场向施工承包商提供测量成果和简图，并经测量监理检查验收。

l. 压力钢管安装焊接完成，由监理工程师对外观检查合格后由第三方金属检测试验室进行检测，无损检测过程中监理工程师全程跟踪。

m. 钢岔管组装完成后焊接前由监理工程师组织设计、项目建设公司联合验收，主要控制尺寸偏差、焊缝错牙、焊缝间隙、焊缝打磨、焊接环境、焊条烘干、母材预热温度等参数。

n. 在 800MPa 级高强钢钢岔管焊接过程中监理单位重点监控焊接速度、焊接电流、焊道宽度、预热温度、焊接过程中层间温度、焊后消氢温度、焊接过程中的锤击消应；每道焊缝内部打磨光滑平整，焊接完成后焊缝进行打磨。

o. 钢岔管焊后外观检查合格后，由第三方金属检测试验室采用 100%UT+40%TOFD+100%MT 无损检测，无损检测过程中监理工程师全程跟踪。

p. 钢管安装缺陷处理：钢管表面或焊缝内部发现质量缺陷时，进行认真分析原因，制定可靠的技术措施，经过监理单位审批后，按照规范及焊接工艺规程确定的工艺参数进行焊补。

q. 钢管焊缝内部缺陷处理：钢管焊缝内部质量经无损探伤检查，发现的超标准缺陷用碳弧气刨将超标缺陷清除干净，用角磨机修磨成便于焊接的凹槽，没有可疑缺陷后，按照满足焊接工艺规程的工艺参数预定方案进行焊补。返修后完毕 24～48h 后，应用超声波进行探伤复检，同一部位返修次数不超过 1 次。

r. 钢管表面缺陷的处理：部分钢管表面因撞伤、锈蚀、电弧擦伤等造成的凹坑，深度不超过 2mm 的凹坑用角磨机磨平；深度超过 2mm 的凹坑用角磨机磨成便于焊接的沟槽，并认真检查是否存在裂纹现象，无任何缺陷后，按照焊接工艺规程确定的工艺参数进行焊补，焊补余高用角磨机磨平。

s. 钢管防腐涂层缺陷处理：部分钢管防腐完毕后，因碰撞造成防腐层破损、脱落的部位，按规范要求进行了认真打磨，达到清洁度 Sa2.5 级，粗糙度 Ry60μm～Ry100μm 后进行补漆。

4. 第三方金属检测试验室

（1）安装前的准备工作。

1）完成金属试验室建设，取得国家或地方规定相关许可和认证，并按照技术规范要求配备试验仪器、设备、人员等。

2）编制检验试验工作手册、质量计划、检验试验工作细则及各种检验试验规程和工艺卡等，并提交监理单位批准后，报项目建设单位备案。

（2）安装过程质量检测。

1）压力钢管现场安装用钢板需进行拉伸、冲击、硬度等机械性能试验和化学成分分析试验。

2）压力钢管现场安装的各类焊缝无损检测，无损探伤普通钢板应在焊接完成 24h 后进行，高强钢在 48h 后进行。

3）射线探伤按《金属熔化焊焊接接头射线照相》（GB 3323—2005）标准评定，一类焊缝Ⅱ级合格；二类焊缝Ⅲ级合格；超声波探伤按《焊缝无损检测　超声检测　技术、检测等级和评定》（GB 11345—2013）评定，一类焊缝 BⅠ级为合格，二类焊缝 BⅡ级为合格。

4）返修后的焊缝，应用射线探伤或超声波探伤复查，同一部位的允许返修次数为 16MnR 钢两次，高强钢一次。若超过上述规定，应找出原因，由施工承包商技术部门制定可靠的技术措施，经监理单位批准后，方可焊补，并做出记录。

5）对于检测不合格试验项目，应及时通知监理、项目建设单位相关人员，建立不合格检测台账，每月报委托方备案。

5. 项目建设单位

（1）安装前的准备工作。

1）项目建设单位按照《工程建设文件、图纸与技术资料管理手册》的有关规定，签收、转发并组织工程设计、监理、施工承包商等单位开展预审工作，上述参建单位应认真组织送审资料的预审，并提出预审意见。

2）项目建设单位根据合同约定和公司管理要求，组织设计单位、监理单位、施工承包商对提交的技术文件、进度计划、分包和转让、配套设备及关键部件、材料采购等进行审查，必要时可邀请专家进行专题审查，形成审查意见。

3）项目建设单位根据合同约定和施工承包商提交的材料需求计划、进度计划，按时提供安装用钢板等原材料。

（2）安装过程质量管理。

1）项目建设单位专业人员需对重要工序、部件等进行安装质量巡视。

2）督促监理单位对施工承包商安装过程缺陷及遗留问题的处理结果进行跟踪。

（三）安装最终验收

（1）压力钢管安装完毕后，施工承包商应及时进行质量检查、监测和资料整理，报请监理工程师按照相关技术文件的要求进行安装验收和质量评定。

（2）钢管工程全部完工后，施工承包商应向监理人提交钢管工程验收申请报告，并附以下完工资料：

1）钢管安装竣工图。

2）各项材料、连接件的质量证明书等技术文件。

3）钢管安装的质量检查报告。

4）钢管一、二类焊缝焊接工作档案卡（包括焊工名册和代号、每个焊工焊接范围、各无损检测人员的检测范围）。

5）重大缺陷处理报告。

6）钢管接触灌浆质量检查报告。

7）监理人要求提供的其他完工资料。

二、闸门、拦污栅安装管理

闸门、拦污栅安装包括门槽、栅槽、闸门、拦污栅及附件等部件的安装，工序主要有控制测量点的标识、门槽安装、栅槽安装、拦污栅安装、闸门拼装、焊缝防腐、附件安装等。施工承包商在开始焊接前需编制施工工艺方案，安装过程中需严格按照批准的施工工艺方案进行安装，安装完成后需经第三方金属检测试验室探伤合格。

（一）安装前应具备的资料

（1）设计图样和技术文件，设计图样包括总图、装配图及技术施工图、零件图等。

（2）安装用钢板、焊材、防腐材料的质量证书。

（3）标准件和非标准协作件的质量证书。

（4）有关水工建筑物的布置图。

（二）安装过程相关各方职责

1. 设计单位

（1）按照安装技术要求现场对安装全过程进行指导。

（2）参与审查安装承包商编写的施工组织措施。

（3）检查安装过程中的设计修改和质量问题的处理情况。

（4）参与检查重要部件的安装、焊接和热处理工艺及质量保证措施，并检查有关记录资料。

2. 设备供货商

（1）提供技术图纸、检验标准、图纸及安装说明书，并开展现场技术交底工作。

（2）参与审查安装承包商编写的施工组织措施。

（3）现场技术服务，指导闸门、拦污栅及附件的安装、试验工作。

3. 施工承包商

（1）安装前的准备工作。

1）编制并上报安装施工组织措施。编制闸门、拦污栅安装的施工组织措施内容包括：

a. 安装场地及主要临时建筑设施布置及说明。

b. 闸门、拦污栅设备的运输和吊装方案。

c. 拦污栅、闸门及门槽埋件安装方法和质量控制措施。

d. 安装进度计划。

e. 拦污栅、闸门的试验工作计划。

f. 质量和安全保证措施。

g. 监理单位要求提交的其他资料。

2）人员准备。组织从事一、二类焊缝焊接的焊工进行考试，并将考试合格人员提交监造单位批准。

3）测量器具准备。闸门、拦污栅制造所用的钢卷尺、水平尺、水准仪、全站仪、线锤等测量仪器的精度应满足《水电工程钢闸门制造安装及验收规范》（NB/T 35045—2014）中的相关要求。

4）设备供货商应编制焊接工艺方案，提交监造单位批准。

（2）安装过程质量控制。

1）原材料的质量控制。

a. 闸门、拦污栅制造使用的钢材、焊材必须符合设计图样规定，并应具有出厂质量证书。如无质量证书应予复验，复验合格方可使用。

b. 焊接材料（焊条、焊丝、焊剂）必须具有出厂质量证书。

2）设备的交货、运输及开箱检查。

a. 闸门、拦污栅设备运到合同约定的交货地点卸货后，根据设备到货清单对设备进行开箱检查、清点合格后，与设备供货商、监理单位及项目建设单位共同在验收文件上签字。

b. 闸门、拦污栅设备正式接收后，负责设备的装卸、运输、保管和贮存等。

3）根据闸门、拦污栅设备单件重量和运输要求，制定详细的起吊和运输方案，其内容包括采用的起重和运输设备、大件起吊和运输方法。

4）安装现场清理检查。

a. 应会同监理工程师共同对其他施工承包商提供的土建工作面，按隐蔽工程进行检查和验收，确认一期混凝土浇注和埋件埋设的质量均达到施工安装图纸要求。

b. 埋件埋设部位一、二期混凝土结合面应进行凿毛处理并冲洗干净，检查确认预留插筋的位置和数量符合施工安装图纸要求后，才能开始安装。

5）安装过程质量控制要求。

a. 应按照相关文件（合同文件、规程规范、焊接工艺评定等）要求，结合工程特点实际情况编制相应的施工组织措施、进度计划，并制定妥善的环保和劳动安全措施，报监造单位批准后实施。

b. 应建立健全安装指令检查制度，切实把好施工质量关，严格执行“三检”制度，做好交班检查和工序检查，坚持“上一道工序验收合格后才能进行下一道工序施工”的原则。

c. 加强安装过程中质量检查、监督和控制，施工前编制施工方案，及时做好施工前的技术培训和交底，确定监理单位、项目建设单位的质量见证点（W 点）和停工待检点（H 点）。

d. 应按照经审查同意的设计图（含设计说明书、设计修改通知单）进行制造，如有修改，应取得监理单位、项目建设单位的书面同意。施工承包商应对修改内容做详细记录，并作为绘制竣工图的依据。

e. 对复杂结构的下料应进行放样，各项闸门、拦污栅的拼装与焊接应按事先编制好的工艺流程和焊接工艺进行，制造过程中应随时进行检测，严格控制焊接变形和焊缝质量，并根据实践对工艺流程和焊接工艺进行修正。

6）闸门、拦污栅设备埋件的安装。

a. 埋件的安装应符合施工安装图纸，以及《水电工程钢闸门制造安装及验收规范》（NB/T 35045—2014）第 8.1 与 9.2 节的有关规定。

b. 埋件就位调整完毕，应与一期混凝土中的预留锚筋或锚板焊牢。

c. 埋件安装完毕后，应对所有的工作表面进行清理，门（栅）槽范围内影响闸门安全运行的外露物必须清除干净，并对埋件的最终安装精度进行复测，清理和复测记录应提交监理人。

d. 埋件安装完，经检查合格后，应在 5～7 天内浇筑二期混凝土。

e. 闸门门槽埋件安装质量检验记录见表 3–3。

表 3–3　闸门门槽埋件安装质量检验记录

序号	项　目			质量标准（mm）	检验记录（mm）
1	底槛	高程		±5.0	
2		△对门槽中心线		±5.0	
3		△对孔口中心线		±5.0	
4		△工作表面两端高差	L<10 000	≤2.0	
5		工作表面平面度		≤2.0	
6		△工作表面组合处的错位		≤1.0	
7		△工作表面扭曲 f	B=200	≤1.5	
8		工作表面清除		清除干净并磨光	

续表

序号	项目			质量标准（mm）	检验记录（mm）
9	门楣	△对门槽中心线 a		−1.0～+2.0	
10		△门楣中心对底槛面和距离 h		±3.0	
11		工作表面平面度		≤2.0	
12		△工作表面组合处的错位		≤0.5	
13		工作表面扭曲 f	B<100	≤1.0	
14		工作表面清除及拼接焊缝磨光		清除干净并磨光	
15	主轨	△对门槽中心线	工作范围内	−1.0～+2.0	
16			工作范围外	−1.0～+3.0	
17		△对孔口中心线	工作范围内	±3.0	
18			工作范围外	±4.0	
19		△工作表面组合处的错位	工作范围内	≤0.5	
20			工作范围外	≤1.0	
21		工作表面平面度		≤2.0	
22		△工作表面扭曲 f	B<100	≤0.5	
23		工作表面清除及拼接焊缝磨光		清除干净并磨光	
24	反轨	△对门槽中心线	工作范围内	−1.0～+3.0	
25			工作范围外	−2.0～+5.0	
26		△对孔口中心线	工作范围内	±3.0	
27			工作范围外	±5.0	
28		△工作表面组合处的错位	工作范围内	≤1.0	
29			工作范围外	≤2.0	
30		工作表面平面度		≤2.0	
31		工作表面扭曲	B>200	≤3.0	
32		工作表面清除及拼接焊缝磨光		清除干净并磨光	
33		主轨、反轨工作面间距离		−1.0～+4.0	

注 “△”项为质量验评项目。

7）平面闸门安装及试验。

a. 平面闸门的安装应符合施工安装图纸及《水电工程钢闸门制造安装及验收规范》（NB/T 35045—2014）第 8.2 节的规定。

b. 试验前应检查，并确认充水装置在其行程内升降自如、密封件与座阀应接触均匀，满足止水要求，并与拉杆的连接情况良好。

c. 闸门静平衡试验：将闸门吊离地面 100mm，测量闸门上、下游与左、右方向的倾斜，测量值应满足《水电工程钢闸门制造安装及验收规范》（NB/T 35045—2014）第 8.2.9 条的规定。

d. 无水情况下全行程启闭试验：试验过程检查滑道或滚轮的运行情况，滑道或滚轮应无卡阻现象。双吊点闸门左右吊点的同步性应达到施工安装图纸要求。水封橡皮应无损伤，在闸门全关位置，应进行漏光检查，止水应严密。在全过程试验中，必须对水封橡皮与不锈钢水封座板的接触面采用清水冲淋润滑，以防损坏水封橡皮。

e. 静水情况下的全行程启闭试验：试验应在无水试验合格后进行。试验、检查内容与无水试验相同（水封装置漏光检查改为渗漏量检查）。

f. 动水启闭试验：对于事故闸门、工作闸门应按施工安装图纸要求，进行动水条件下的启闭试验，试验水头应尽可能与设计水头相一致。动水启闭试验前，应根据施工安装图纸及现场条件，编制试验大纲提交监理人批准。

g. 闸门水封渗水检测：闸门下闸蓄水后，检测闸门水封止水漏水量 0.01～0.03L/（m • s），漏水量不超过 0.1L/s，满足设计技术及规范要求。

h. 平面闸门门体拼装焊接后检验记录见表 3–4。

表 3–4　　　　平面闸门门体拼装焊接后检验记录

序号	检验项目		质量标准（mm）	检验记录（mm）
1	门叶外形高度		±8	
2	门叶对角线相对差		≤4	
3	两侧止水中心距离		±3	
4	顶止水至底止水边缘距离		±3	
5	△门叶拼装对口错位		≤1	
6	△止水座板对口错位		≤0.5	
7	止水座板平面度		≤2	
8	面板扭曲		≤3	
9	△焊缝裂纹		不允许	
10	△焊缝表面夹渣		不允许	
11	△焊缝咬边		深度不大于 0.5	
12	焊缝未焊满		不允许	
13	△焊缝表面气孔		不允许	
14	飞溅		不允许	
15	焊瘤		不允许	
16	门叶表面清除		门叶表面上的临时支撑、夹具和焊疤已清除干净并磨光	
17	门叶局部凹坑焊补		门叶表面上深度大于板厚 10%或大于 2mm 的凹坑已焊补磨光	
18	焊缝余高Δh	手工焊	δ≤25、Δh=0～2.5 25＜δ≤50、Δh=0～3.0	
19	对接焊缝宽度	手工焊	盖过每边坡口宽度 1～2.5，且平缓过渡	

注　“△”项为质量验评项目。

8）弧形闸门安装及试验。

a. 弧形闸门的安装应符合施工安装图纸及《水电工程钢闸门制造安装及验收规范》（NB/T 35045—2014）第 8.3 节的规定。

b. 无水情况下全行程启闭试验：检查支铰转动情况，闸门启闭过程应平稳无卡阻、水封橡皮与止水座板应接触良好，不透光。在本项试验的全过程中，必须对水封橡皮与不锈钢水封座板的接触面采用清水冲淋润滑，以防损坏水封橡皮。

c. 动水启闭试验：试验水头应尽量接近设计操作水头。应根据施工安装图纸要求和现场条件，编制试验大纲提交监理人批准后实施。动水启闭试验包括全程启闭试验和施工安装图纸规定的局部开启试验，检查支铰转动、闸门振动、水封密封等应无异常情况。

d. 弧形闸门门体拼装焊接后检验记录见表 3–5。

表 3–5　　弧形闸门门体拼装焊接后检验记录

序号	检验项目		质量标准（mm）	检验记录（mm）
1	门叶外形高度		±8	
2	门叶对角线相对差		≤4	
3	两侧止水中心距离		±3	
4	顶止水至底止水边缘距离		±3	
5	△门叶拼装对口错位		≤1	
6	△止水座板对口错位		≤0.5	
7	止水座板平面度		≤2	
8	面板扭曲		≤3	
9	△焊缝裂纹		不允许	
10	△焊缝表面夹渣		不允许	
11	△焊缝咬边		深度不大于 0.5	
12	焊缝未焊满		不允许	
13	△焊缝表面气孔		不允许	
14	飞溅		不允许	
15	焊瘤		不允许	
16	门叶表面清除		门叶表面上的临时支撑、夹具和焊疤已清除干净并磨光	
17	门叶局部凹坑焊补		门叶表面上深度大于板厚 10%或大于 2mm 的凹坑已焊补磨光	
18	焊缝余高Δh	手工焊	δ≤25、Δh=0～2.5 25＜δ≤50、Δh=0～3.0	
19	对接焊缝宽度	手工焊	盖过每边坡口宽度 1～2.5，且平缓过渡	

注　“△”项为质量验评项目。

9）拦污栅安装及试验。

a. 拦污栅安装应符合施工安装图纸及《水电水利工程钢闸门制造安装及验收规范》（NB/T 35045—2014）第 9.2 节的规定。

b. 活动式拦污栅栅体吊人栅槽后，应做升降试验，检查栅体在槽中的运行情况，应做到无卡阻和各节连接可靠。

c. 采用自动挂脱梁起吊的活动式潜孔拦污栅，应逐孔进行挂脱动作试验，确保挂脱动作 100%合格。

d. 使用清污机清污的拦污栅，应按施工安装图纸要求进行清污试验，试验过程中清污机运转应无异常。

e. 拦污栅安装质量检验记录见表 3–6。

表 3–6　　拦污栅安装质量检验记录

序号	项　目	质量标准（mm）			检验记录（mm）		
		底槛	轨道（一）	轨道（二）	底槛	轨道（一）	轨道（二）
1	里程	±5.0	—	—			
2	高程						
3	工作表面两端高差	≤3.0	—	—			
4	对栅槽中心线	—	−1.0～+1.0	−1.0～+1.0			
5	对孔口中心线	±5.0	±5.0	±5.0			
6	工作面平面度	≤2.0	≤2.0	≤2.0			
7	对接焊缝错位	—	≤1.0	≤1.0			
8	主轨、反轨工作面间距离	—	±2.0				
9	工作表面清除及拼接焊缝磨光	清除干净并磨光					
10	栅体外形高度	±8					
11	栅体外形宽度	±8					
12	栅体厚度	±4					
13	栅体对角线相对差	≤6					
14	栅体扭曲	≤4					
15	同侧两支承滑块中心线距离	±3					
16	两侧支承滑块跨度偏差	±1					
17	△栅体间连接	牢固可靠					
18	△栅体在栅槽内升降	灵活、平稳、无卡阻现象，滑块橡皮垫板有一定预压缩量					

注　“△”项为质量验评项目。

（3）安装问题的处理。

1）应按照设计图纸及设计技术要求的规定进行安装，在安装过程中若发现设计技术要求与施工现场实际情况有不符之处，须及时提出，在征得监造单位同意后，方可进行修改，且应有相应的设计修改通知单或经设计部门书面同意的技术核定单。

2）现场安装焊缝的缺陷处理应严格按照《水电水利工程压力钢管制造安装及验收规范》（DL/T 5017—2007）第 6.5 节的规定进行缺陷部位的返修，并做好记录，直至监理人检查合格为止。

（4）安装焊缝的涂装。

1）涂装施工前，应按施工安装图纸和《水电工程钢闸门制造安装及验收规范》（NB/T 35045—2014）第 6.1 节、《水电水利工程金属结构设备防腐蚀技术规程》（DL/T 5358—2006）第 5.2 节的有关规定，对设备表面进行防腐蚀预处理。

2）空气相对湿度超过 85%、钢材表面温度低于露点以上 3℃时，不得进行表面防腐蚀预处理。

3）表面涂装施工，应严格按施工安装图纸和《水电工程钢闸门制造安装及验收规范》（NB/T 35045—2014）第 6.2 节及遵照供货商技术文件的规定执行。

4）涂料涂层质量检查应符合施工安装图纸和《水电工程钢闸门制造安装及验收规范》（NB/T 35045—2014）第 6.3 节的规定。

5）金属喷涂施工应符合施工安装图纸和《水电工程钢闸门制造安装及验收规范》（NB/T 35045—2014）第 6.4.3～6.4.6 条和《水电水利工程金属结构设备防腐蚀技术规程》（DL/T 5358—2006）第 7.5 节的规定执行及符合《金属和其他无机覆盖层　热喷涂操作安全》（GB/T 11375—1999）的要求。

6）质量检查应符合施工安装图纸和《水电工程钢闸门制造安装及验收规范》（NB/T 35045—2014）第 6.5 节，以及《水电水利工程金属结构设备防腐蚀技术规程》（DL/T 5358—2006）第 7.6.4～7.6.6 条的规定。

（5）橡胶黏合要求。

1）所有闸门橡胶水封接头的黏结工艺，应先通过试验选定。橡胶黏结试验及其工艺报告应提交监理人批准。

2）采用热胶合时，应按橡胶水封供货商提供的操作规程进行黏结和硫化，并应提供与橡胶水封形状和断面一致的加热压模。

3）采用冷黏结时，承包人应向监理人提交一份包括冷胶剂产品技术性能和有关参数的黏结工艺及其试验数据的冷黏结措施报告，提交监理人批准后实施。

4）橡胶水封安装时，应先将橡胶按需要的长度粘接好，再与水封压板一起配钻螺栓孔。橡胶水封的螺栓孔，应采用专用钻头使用旋转法加工，不准采用冲压法和热烫法加工，其孔径应比螺栓直径小 1mm。

5）橡胶水封的黏合及安装质量应符合施工安装图纸和《水电工程钢闸门制造安装及验收规范》（NB/T 35045—2014）第 8.2.7、8.2.8 条的规定。

6）闸门门体附件检验记录见表 3–7。

表 3–7　　闸门门体附件检验记录表

<table>
<tr><th>序号</th><th>检　验　项　目</th><th colspan="2">质量标准（mm）</th><th>检验记录（mm）</th></tr>
<tr><td>1</td><td>止水橡皮接头</td><td colspan="2">是否有缺陷</td><td></td></tr>
<tr><td>2</td><td>两侧止水橡皮中心距离</td><td colspan="2">±3</td><td></td></tr>
<tr><td>3</td><td>顶止水橡皮中心至底止水橡皮边缘距离</td><td colspan="2">±3</td><td></td></tr>
<tr><td>4</td><td>△止水橡皮顶面平度</td><td colspan="2">≤2</td><td></td></tr>
<tr><td>5</td><td>△止水橡皮与滑道面的距离</td><td colspan="2">−1～+2</td><td></td></tr>
<tr><td>6</td><td>△反向滑块至滑道的距离（反向滑块自由状态）</td><td colspan="2">±2</td><td></td></tr>
<tr><td rowspan="2">7</td><td rowspan="2">单吊点闸门静平衡试验倾斜度</td><td rowspan="2">不大于门高 1/1000 且不大于 8</td><td>上下方向</td><td></td></tr>
<tr><td>左右方向</td><td></td></tr>
<tr><td>8</td><td>闸门处于工作状态时止水橡皮预压缩量</td><td colspan="2">−1～+2</td><td></td></tr>
<tr><td>9</td><td>透光检验</td><td colspan="2">闸门处于工作位置后，检查止水橡皮的压缩程度，应用灯光照射检查橡皮水封与止水面板不应有透亮或间隙</td><td></td></tr>
<tr><td>10</td><td>闸门水封漏水量检测</td><td colspan="2">≤0.1L/（m·s）</td><td></td></tr>
</table>

注　“△”项为质量验评项目。

4. 监理单位

（1）安装前的准备工作。

1）技术准备。

a. 图纸会审：监理单位应对安装图纸和设计文件进行审核签发，组织设计技术交底会。图纸会审时应明确闸门、拦污栅制造的布置情况、安装工艺、详图的结构尺寸及施工图纸的技术要求和说明。

b. 编制闸门、拦污栅制造监造实施细则，确定各部件和工序的质量见证点（W点）、做停工待检点（H 点）。

c. 审批施工承包商安装上报的施工组织措施、技术方案、焊接方案等文件。

2）人员准备。

a. 审查施工承包商上报的焊工资质，从事闸门一、二类焊缝焊接的焊工必须按《焊工技术考核规程》（DL/T 679—2012）或《锅炉压力容器管道焊工考试与管理规则》考试合格，具有经水利、电力主管部门或国家有关部门签发的焊工考试合格证。

b. 焊工焊接的钢材种类、焊接方法和焊接位置等均应与焊工本人考试合格的项目相符。

c. 审查施工承包商上报的无损检测人员必须持有国家专业部门签发的资格证书。评定焊缝质量应由Ⅱ级或Ⅱ级以上的检测人员担任。

3）材料准备。

a. 现场安装钢板、焊材等材料进场时，监造工程师通过目视检查和查阅材质保证单，检查产品质量证明书是否齐全及规格尺寸、外观质量等是否满足规范要求对钢板质量做出综合评价。

b. 根据对购入的焊接材料质量的判断和评价，确定检查项目，指示施工承包商有针对性地对焊接材料进行抽样检查。

（2）安装过程质量监督。

1）开工申请。监造单位在接到施工承包商开工报告申请后，须对各项安装准备工作（包括人员、工艺文件、设备、装置、仪器、辅助材料、焊材保管及发放制度、安装施工现场、环境保护、施工安全措施等）进行检查。当所有准备工作就绪检查合格后，监造单位签发开工令。

2）闸门及门槽安装过程质量监督。以安装施工现场的工程质量为控制重点，严格按照质量控制细则进行，采用质量巡视跟踪、旁站和抽检等工作形式，对门槽及门体、栅槽及栅体的安装工艺、质量进行监督检查，门槽及门体安装质量检查符合质量标准。

a. 门槽安装。

（a）对到货箱型门槽经复测检查合格。

（b）箱型底板（底槛）翻身倒浇平铺混凝土于隔板中，混凝土强度达到要求后，再翻身运输至安装现场。

（c）箱型底板（底槛）安装：以孔口中心线、门槽中心线、里程及高程为基准点，将箱型底板（底槛）安装就位进行加固焊接，复测合格后，进行混凝土浇筑。

（d）侧板（主轨、反轨）、顶板（门楣）、侧槽板（侧轨）、腰箱（副轨）安装：以孔口中心线、门槽中心线为基准线，设置各工作面垂直控制线，将侧板（主轨、反轨）、顶板（门楣）、侧槽板（侧轨）、腰箱（副轨）安装就位进行加固焊接，复测合格后，进行混凝土浇筑。

（e）箱型门槽拼接缝焊接完毕后进行打磨处理，焊缝外观检查验收合格后，按规范要求进行焊缝除锈涂防腐。

（f）座圈的安装：门槽砼浇筑完毕后，进行门槽复测，确定座圈安装控制点。座圈的安装尺寸严格按照设计及规范要求进行控制，座圈安装就位进行加固焊接。座圈焊接时要采用偶数焊工对称焊接，从中间向两侧采取多层多道的方式进行，严格监控焊接过程，防止焊接变形，保证座圈的中心线偏差不大于 1.5mm，座圈的水平高差不大于 1.5mm 的要求。

（g）充水及进排气系统安装：到货阀门经检查合格，充水及进排气钢管安装焊接和阀门的安装符合设计技术及规范要求，阀门空载、动载试验合格。

b. 门体安装。

（a）分节闸门在组装前对各节的各项尺寸要进行复测，两节门叶连接螺栓组装成整体后，以水封座板和滑块座板部位为基准挂线进行复测，使各项尺寸及允许偏差达到设计和规范标准。

（b）闸门节间焊缝采用已经评定合格的焊接工艺进行封闭焊接，并按图纸设计技术要求和规范中有关焊接的规定进行检验；焊接时应采取基准挂线措施控制焊接变形，采用小电流，多层多道焊；随时监测水封座板和滑块座板变形，及时调整焊接顺序和焊工工位来减小变形量；门叶焊接采用分段从中间向两侧边梁对称焊接。门叶整体拼焊完毕后，对闸门各项尺寸进行整体尺寸复测，同时对焊缝按规定进行外观及内部无损探伤检验。

（c）水封安装严格按照图纸设计技术及规范要求进行，水橡皮的物理机械性能应符合规范规定，水橡皮的螺孔位置与门叶或止水压板上的螺孔位置一致，孔径应比螺栓小1mm，严禁烫孔；当均匀拧紧螺栓后其端部至少低于止水橡皮自由表面 8mm，水橡皮表面应光滑平直，厚度允许偏差±1mm，外形尺寸偏差允许为设计尺寸的 2%；水橡皮接头处平整，接头采用生胶热压。

（d）止水橡皮安装后，两侧止水中心距离和顶止水中心至底止水底缘距离应符合图纸设计技术要求。闸门处工作状态时，对水封做透光检查或冲水试验，止水橡皮的压缩量应符合图纸设计技术要求，其允许偏差为–1～+2mm。

（e）附件安装和调整应在门叶结构焊接完毕且测量校正合格后进行。所有主支承面应当调整到同一平面上，其误差不得大于图纸设计技术要求。其中支撑滑道及反向滑块安装，严格按设计及规范要求进行操作。

（f）门叶及附件安装完毕，门叶拼装外形尺寸和焊缝无损探伤及焊缝外观检查合格后，应清除门叶上的所有杂物，清除不锈钢水封座板表面的水泥浆和各转动部位套涂抹或灌注润滑脂，按图纸设计技术和规范要求进行焊缝除锈防锈涂料封闭防腐。

（g）闸门门体拼装焊接、附件安装及静平衡试验检查验收合格后，将闸门吊入门槽内，顶盖与座圈进行螺栓连接密封组装。

3）拦污栅及栅槽。

a. 栅槽安装过程。

（a）栅槽安装控制线架控制：混凝土预留槽表面进行凿毛清理，施工承包商对栅槽安装控制线架设置合格后，监理对安装线架各控制点的精度进行复验合格后允许进行栅槽安装。

（b）栅槽安装过程质量控制：施工承包商以线架为基准对栅槽各埋件进行安装调整、加固，监理巡视安装过程并随时进行检测，如发现超差，及时要求施工承包商进行处理。安装承包商“三检”合格后，监理对栅槽中心距离、对孔口中心距离、相对点位对角线差等尺寸和一期插筋焊接加固、节间的拼接焊缝外观质量进行复验合格后，进行二期砼回填。

（c）二期混凝土浇筑后栅槽埋件安装质量控制：混凝土浇筑后，监理单位组织项目建设单位、施工承包商有关人员对砼浇筑后的埋件尺寸进行复验，并对施工承包商提交的复测记录进行审核。

b. 拦污栅栅叶安装过程。

（a）栅叶各项尺寸检查复核：栅叶安装前，监理单位会同施工承包商按照图纸设计技术要求和规范有关规定的要求，对其各项尺寸进行复核合格后进行栅叶附件安装。

（b）栅叶支承滑块安装过程质量控制：栅叶安装支承滑块时，对栅槽尺寸进行实测，严格控制栅叶支承滑块工作状态时橡皮最小压缩量及两支承滑块中心距，使栅叶就位后每个支承滑块橡皮垫块产生压缩，保证栅体支承的设计压缩量；监理单位会同施工承包商复验合格后，依次将栅叶吊入栅槽，栅叶吊放时栅体在栅槽中上下升降无卡滞现象。

（c）拦污栅栅叶栅槽配合间隙质量控制：栅叶安装入槽就位后，监理单位会同施工承包商仔细检查栅叶每个支承滑块与门槽的接触情况，如有间隙应适当增加调整垫板的厚度，对施工承包商提交的复测记录进行审核。

4）因施工过程导致发生工程质量缺陷时，监理单位督促施工承包商及时分析产生的原因，提出缺陷修复和处理措施经监理批准后方可进行。

5. 第三方金属检测试验室

（1）根据项目建设单位现场安装施工安排和要求，对现场到货设备重要焊缝（第一类焊缝）开展抽检工作。

（2）根据监理单位现场施工安排和要求，第三方金属检测试验室负责对设备在现场安装完成的各类焊缝进行无损检测。

6. 项目建设单位

（1）安装前的准备工作。

1）建设项目建设单位按照《工程建设文件、图纸与技术资料管理手册》的有关规定，签收、转发并组织工程设计、监理、施工承包商等单位开展预审工作，上述参建单位应认真组织送审资料的预审，并提出预审意见。

2）建设项目建设单位根据合同约定和公司管理要求，组织设计单位、监造单位、施工承包商对提交的技术文件、进度计划、关键部件、材料采购等进行审查，必要时可邀请专家进行专题审查，形成审查意见。

3）建设项目建设单位根据合同约定和施工承包商提交的进度计划进行批准。

（2）安装过程质量管理。

1）建设项目建设单位专业人员需对安装过程中的重要工序进行质量巡视。

2）督促监理单位跟踪安装过程中缺陷及遗留问题的处理结果。

（三）安装最终验收

（1）闸门、拦污栅及附件安装完毕后，施工承包商应及时进行质量检查、监测和资料整理，报请监理工程师按照相关技术文件的要求进行验收和质量评定。

（2）闸门、拦污栅及附件全部完工后，应提交安装工程验收申请报告，并附以下完工资料：

1）完工项目清单。

2）安装竣工图纸。

3）主要材料和外购件的产品质量证明书、使用说明书或试验报告。

4）安装焊缝质量检验报告。

5）焊接工艺评定报告。

6）高强度螺栓连接副摩擦面的抗滑移系数复验和安装检查报告。

7）拦污栅、闸门及其埋件的安装质量检验记录。

8）拦污栅和闸门的调试及试运行报告。

9）重大缺陷和质量事故处理报告。

10）监理人要求提供的其他竣工资料。

三、启闭机安装管理

固定卷扬式启闭机安装包括机架结构件、卷筒装置、电动机、减速机、滑轮组、钢丝绳、制动器、电控系统及附件等部件；液压启闭机安装包括液压缸、液压泵站、油泵电动机组、闸门位置开关、闸门开度传感器及指示装置、电控系统及附件等部件。施工承包商安装过程中需严格按照批准的施工工艺进行安装、调试工作。

（一）安装前应具备的资料

（1）设计图样和技术文件，设计图样包括总图、装配图及技术施工图、零件图等。

（2）安装用钢材、焊材及防腐材料的质量证书。

（3）标准件和非标准协作件的质量证书。

（4）有关水工建筑物的布置图。

（二）安装过程相关各方职责

1. 设计单位

（1）按照安装技术要求现场对安装全过程进行指导。

（2）参与审查安装承包商编写的安装施工组织措施。

（3）检查安装过程中的设计修改和质量问题的处理情况。

（4）参与检查重要部件的安装工艺及质量保证措施，并检查有关资料。

2. 设备供货商

（1）提供技术图纸、检验标准、图纸及安装说明书，并开展现场技术交底工作。

（2）参与审查安装承包商编写的安装施工组织措施。

（3）提供现场技术服务，指导启闭机设备的安装、试验工作。

3. 施工承包商

（1）安装前的准备工作。

1）编制并上报安装施工组织措施。编制固定式卷扬启闭机、液压启闭机安装的施工组织措施内容包括：

a. 安装场地及主要临时建筑设施布置及说明。

b. 固定式卷扬启闭机、液压启闭机的现场运输和吊装方案。

c. 固定式卷扬启闭机、液压启闭机安装方法和质量控制措施。

d. 设备交货计划。

e. 安装进度计划。

f. 固定式卷扬启闭机、液压启闭机的试验工作计划。

g. 质量和安全保证措施。

h. 监理单位要求提交的其他资料。

2）人员准备。组织从事一、二类焊缝焊接的焊工进行考试，并将考试合格人员提交监造单位批准。

3）测量器具准备。启闭机安装所用的钢卷尺、水平尺、水准仪、全站仪、线锤等测量仪器的精度应满足《水电工程启闭机制造、安装及验收规范》（NB/T 35051—2015）中的相关要求。

（2）安装过程质量控制。

1）设备的交货、运输及开箱检查。

a. 启闭机设备运到合同约定的交货地点卸货后，根据设备到货清单对设备进行开箱检查、清点合格后，与监理单位、设备供货商、项目建设单位共同在验收文件上签字。

b. 启闭机设备正式接收后，负责设备的装卸、运输、保管和贮存等。

2）根据启闭机设备单件重量和运输要求，制定详细的起吊和运输方案，其内容包括采用的起重和运输设备、大件起吊和运输方法。

3）安装现场清理检查。

a. 应会同监理单位共同对其他施工承包商提供的土建工作面，按隐蔽工程进行检查和验收，确认一期混凝土浇注和埋件埋设的质量均达到施工安装图纸要求。

b. 埋件埋设部位一、二期混凝土结合面应进行凿毛处理并冲洗干净，检查确认预留插筋的位置和数量符合施工安装图纸要求后，才能开始安装。

4）安装过程质量控制要求。

a. 应按照相关文件（合同文件、规程规范、焊接工艺评定等）要求，结合工程特点实际情况编制相应的施工方案、进度计划，并制定妥善的环保和劳动安全措施，报监理单位批准后实施。

b. 应建立健全安装指令检查制度，切实把好施工质量关，严格执行“三检”制度，做好交班检查和工序检查，坚持“上一道工序验收合格后才能进行下一道工序施工”的原则。

c. 加强安装过程中质量检查、监督和控制，施工前编制施工方案，及时做好施工前的技术培训和交底，确定监理单位和项目建设单位的质量见证点（W 点）和停工待检点（H 点）。

d. 应按照经审查同意的设计图（含设计说明书、设计修改通知单）进行制造，如有修改，应取得监理单位和项目建设单位的书面同意。设备供货商应对修改内容做详细记录，并作为绘制竣工图的依据。

e. 对复杂结构的下料应进行放样，各项启闭机的拼装与焊接应按事先编制好的工艺流程和焊接工艺进行，安装过程中应随时进行检测，严格控制焊接变形和焊缝质量，并根据实践对工艺流程和焊接工艺进行修正。

5）固定卷扬式启闭机安装及试验。

a. 对安装说明书及图纸未做规定的部分，应按《水电工程启闭机制造安装及验收规范》（NB/T 35051—2015）第 5.2 条的各项规定执行。

b. 启闭机的电器设备、控制线路和控制操作盘等电器安装，应按照有关条款及合同规定进行。

c. 安装启闭机的基础建筑物必须牢固、安全。启闭机平台高程不应超过±5mm、水平偏差不应大于 0.5/1000。机座和基础构件的混凝土应按施工安装图纸的要求进行浇筑。在混凝土强度尚未达到设计强度时，不准拆除和改变启闭机的临时支撑，更不得进行调试和试运转。

d. 启闭机机械设备的安装应根据起吊中心线找正，其纵、横向中心线偏差不应超过±3mm。采用双卷筒串联的双吊点启闭机，吊距偏差为±3mm。启闭机机械设备的安装和调试还应遵守《水电工程启闭机制造安装及验收规范》（NB/T 35051—2015）第 5.2.2 条的规定。

e. 启闭机电气设备的安装应符合施工安装图纸、供货商技术文件的规定。全部电气设备应可靠接地。

f. 应派有经验的专业人员，负责调试每台启闭机的荷载限制器、行程限制器、闸门开度指示仪、制动器、锁锭装置等。调试合格后用油漆封涂调整部位。

g. 每台启闭机安装完毕，应对启闭机进行清理，修补已损坏的涂层表面，并根据供货商技术文件的要求，灌注润滑油、脂。

h. 固定卷扬式启闭机全部设备安装完成后，应进行安装合同规定的项目试验和系统试运转。

i. 电气设备试验应遵守《水电工程启闭机制造安装及验收规范》（NB/T 35051—2015）第 5.3.1 条的规定执行。对采用 PLC 控制的电气控制设备应首先对程序软件进行模拟信号调试，经调试正常无误后，再进行联机调试。

（a）空载试验：在启闭机不与闸门连接情况下进行运行试验，共往返运行 3 次。试验应符合施工安装图纸和《水电工程启闭机制造安装及验收规范》（NB/T 35051—2015）第 5.3.2 条的各项规定。

（b）荷载试验：带荷载试验是在启闭机与闸门连接后，在闸门不承受水压的情况下，做开启和关闭运行 3 次。在发包人认为有条件时，对于事故闸门和工作闸门启闭机可进行动水闭门试验，带荷载试验应针对不同性质闸门的启闭机分别按《水电工程启闭机制造安装及验收规范》（NB/T 35051—2015）第 5.3.3 条的有关规定进行。

（c）在进行动水启闭工况的荷载试验前，应编制试验大纲，提交监理人批准后实施。

j. 上述试验结束后，检查其机构各部分不得有破裂、永久变形、连接松动或损坏；电气设备部分应无异常发热现象等。

k. 固定卷扬式启闭机安装及试验检查记录见表 3–8。

表 3–8　　固定卷扬式启闭机安装及试验检查记录

序号	项　目	质量标准（mm）	检查记录（mm）
1	纵向中心线	≤3.0	
2	横向中心线	≤3.0	
3	高程	±5.0	

续表

<table>
<tr><th>序号</th><th colspan="2">项　目</th><th>质量标准（mm）</th><th>检查记录（mm）</th></tr>
<tr><td>4</td><td colspan="2">水平度</td><td>≤0.5/m</td><td></td></tr>
<tr><td>5</td><td colspan="2">制动器轮径向圆跳动</td><td>≤0.12</td><td></td></tr>
<tr><td>6</td><td colspan="2">制动器轮端面圆跳动</td><td>≤0.20</td><td></td></tr>
<tr><td>7</td><td colspan="2">制动器轮与制动带的接触面积</td><td>≥75%总面积</td><td></td></tr>
<tr><td>8</td><td colspan="2">缠绕在卷筒上的钢丝绳长度</td><td>闸门处于上下限位置时，卷筒上的钢丝绳排列圈数满足要求</td><td></td></tr>
<tr><td>9</td><td colspan="2">缠绕在卷筒上的钢丝绳排列次序</td><td>钢丝绳排列符合要求</td><td></td></tr>
<tr><td>10</td><td colspan="2">闸门吊耳与卷扬机动滑轮联轴</td><td>联轴情况良好</td><td></td></tr>
<tr><td>11</td><td colspan="2">固定卷扬式启闭机升降</td><td>灵活、平稳、无卡阻现象</td><td></td></tr>
<tr><td>12</td><td colspan="2">机座安装固定</td><td>牢固可靠</td><td></td></tr>
<tr><td colspan="5">启闭机试验检查</td></tr>
<tr><td>1</td><td rowspan="9">空载试运转</td><td>电动机</td><td>运转平稳、三相电流平衡</td><td></td></tr>
<tr><td>2</td><td>电气设备</td><td>无异常发热现象</td><td></td></tr>
<tr><td>3</td><td>控制器接头</td><td>无烧损现象</td><td></td></tr>
<tr><td>4</td><td>限位开关</td><td>动作准确可靠</td><td></td></tr>
<tr><td>5</td><td>高度指示灯</td><td>指示正确，主令装置动作准确可靠</td><td></td></tr>
<tr><td>6</td><td>机械部件</td><td>运转时，无冲击声和异常声音</td><td></td></tr>
<tr><td>7</td><td>构件连接处</td><td>无裂纹、松动或损坏现象，机箱无渗油</td><td></td></tr>
<tr><td>8</td><td>制动闸瓦</td><td>运行时全部离开制动轮，无任何摩擦</td><td></td></tr>
<tr><td>9</td><td>钢丝绳</td><td>无碰刮，定、动滑轮转动灵活，无卡阻</td><td></td></tr>
<tr><td>10</td><td rowspan="2">负荷试运转</td><td>1.25 倍额定负荷时</td><td>电气、机械部分正常，制动器能制止 1.25 倍额定负荷的升降，动作平稳、可靠</td><td></td></tr>
<tr><td>11</td><td>闸门无水压及有水压全行程启闭时</td><td>电气与机械部分正常，制动器能制止闸门升降，动作平稳、准确、可靠</td><td>电气与机械正常，制动器能制止闸门升降，动作平稳、准确、可靠</td></tr>
</table>

6）液压启闭机安装及试验。

a. 液压缸支承机架、支铰埋件的安装偏差应符合施工安装图纸的规定，应满足以下要求：液压缸支承中心点坐标偏差为±2mm；高程偏差为±5mm；双吊点液压启闭机的两支承中心点相对高差为±0.5mm。

b. 机架钢梁与推力支座的组合面不应有大于 0.05mm 的通隙，其局部间隙不大于 0.1mm，宽度方向不超过组合面宽度的 1/3，累计长度不超过周长的 20%，推力支座顶面的水平偏差不大于 0.2/1000。

c. 安装前，应对液压缸总成进行外观检查，并对照供货商技术文件规定的时限，确定是否应进行解体清洗。

d. 应进行管道的配置和安装。配管前，液压缸总成、液压站及液压控制系统设备已正确就位，并按施工安装图纸要求进行配管和查管，管道布置应尽量减少阻力，布局应清晰合理，排列整齐。

e. 预安装合适后，拆下管道，正式焊接好管接头或法兰，清除管道的氧化皮和焊渣，并按施工安装图纸和供货商技术文件的规定，对管道进行清洗处理。

f. 液压管道系统安装完毕后，应使用冲洗泵进行油液循环冲洗。循环冲洗流速应大于 5m/s，最终应使管路系统的清洁度达到表 3–9 所列标准。

表 3–9　　管路系统清洁度标准

标准系统	滑阀系统	比例系统	伺服系统
ISO/DTS 4406	17/14	16/12	15/12
NAS l638	8	7	6

g. 液压站油箱在安装前必须检查其清洁度，并符合设备供货商技术文件的要求。所有的压力表、压力控制器、压力变送器等均必须校验准确。

h. 液压启闭机电气控制及检测设备的安装应符合施工安装图纸和供货商技术文件的规定。电缆安装应排列整齐。全部电气设备应可靠接地。

i. 液压启闭机安装完毕后，承包人应会同监理人进行以下项目的试验。

（a）液压管路耐压试验。试验压力：p_N＜16MPa 时；p_t=1.5p_N；p_N＞16MPa 时，p_t=1.25p_N；在各试验压力下保压 10min，管路系统不得有泄漏现象。试验合格后，按施工安装图纸的要求整定各压力阀的工作压力。

（b）空载试验。在活塞杆吊头不与闸门连接的情况下，做全行程空载往复动作试验三次，用以排除液压缸和管路中的空气，检验泵组、阀组及电气操作系统的正确性，检测液压缸启动压力和系统阻力，试验应达到活塞杆运动平稳，无爬行现象。

（c）轻载试验。在活塞杆吊头与闸门连接，且闸门不承受水压力的情况下，进行启门和闭门工况的全行程往复动作试验三次，整定和调整好闸门开度（行程）检测装置、行程极限开关及电、液元件的设定值，检测电动机的电流、电压和油压的数据及全行程启闭的运行时间。双缸液压启闭机应检测，并调整双缸同步偏差满足施工安装图纸和技术文件的规定；检查启闭过程应无超常振动，启停应无剧烈冲击现象。

（d）额定负载试验。在闸门承受设计水压力的情况下，按设计操作条件进行液压启闭机额定负载下的全行程启闭运行试验。检测电动机的电流、电压和系统压力及全行程启、闭运行时间，双缸同步运行偏差；检查启闭过程应无超常振动，启停应无剧烈冲击现象。

j. 液压启闭机安装检验记录见表 3–10。

表 3–10　　液压启闭机安装检验记录

项次	项　　目		允许偏差（mm）	检验记录（mm）
1	液压油缸安装	△顶盖纵向中心线	2.0	
2		△顶盖横向中心线	2.0	
3		顶盖高程	±5.0	
4		△活塞杆每米铅锤度	0.5	

续表

项次	项目		允许偏差（mm）	检验记录（mm）
5	液压油缸安装	△活塞杆全长铅锤度	$L/4000$	
6	油管路安装	管节流向编号	管节流向编号安装是否正确	
7		明设管平面位置	±10 且全长不大于 20	
8		明设管高程	±5	
9		立管垂直度	≤2/m 且全长不大于 15	
10		与设备连接的预设	±10	
11		管口位置	Ⅰ型坡口对口错位不大于 10%δ且不大于 2	
12		环缝焊缝外观质量	焊缝余高 1～2，盖过每边坡口宽度不小于 2，且平缓过渡；焊缝表面无裂纹、夹渣、气孔、未焊满、飞溅、焊瘤等；咬边深度不大于 0.5，长度不超过缝长的 10%，且不大于 100	
13		焊缝内部质量	Ⅱ级焊缝符合 X 射线透照或超声波探伤、表面探伤标准	
14		钢管外壁质量	外壁上的临时支撑、夹具和焊疤清除干净并磨光，深度大于板厚 10%或大于 2mm 的凹坑已焊补磨光	
15		1.0MPa 以上管件及阀门强度	1.5p 且大于 0.4 试验压力，试压时间 10min，无渗漏。 1.25p 试验压力，试压时间 30min，无渗漏。 在额定工作压力下试压 12h，无渗漏，且压降小于 5%额定工作压力	

k. 液压启闭机安装试验检查记录见表 3-11。

表 3-11　　液压启闭机安装试验检查记录

序号	项目			质量标准	检查记录
1	液压缸试验	强度		1.5 倍额定工作压力，并大于 0.4MPa，试压 10min 无渗漏	
2		严密性		1.25 倍额定工作压力试压 30min 无渗漏，且降压小于 5%额定工作压力	
3				在额定工作压力下试压 12h，无渗漏，且降压小于 5%额定工作压力	
4	油泵试验	空载试验		油泵连续空转不少于 30min，无异常现象	
5		油泵在工作压力下	25%	分别连续运转 15min 无剧烈振动、杂声和温升过高现象	
			50%		
			75%		
			100%		
6		排油检查		油泵在 1.1 倍工作压力时排油，无剧烈振动和杂声	
7		启动阀检查		油泵转动后 3～5s 内，启动阀应动作，使油泵带上负荷	
8	电接点压力表整定值			符合规范及设计要求	
9	无水手动操作试验	电接点压力表整定值		符合规范及设计要求	
10		闸门升降		灵活、无卡阻现象	

续表

<table>
<tr><th>序号</th><th colspan="2">项　　目</th><th>质　量　标　准</th><th>检查记录</th></tr>
<tr><td>11</td><td colspan="2">主令控制器接通、断开时</td><td>闸门所处位置符合设计图纸，高度指示器所示位置正确</td><td></td></tr>
<tr><td>12</td><td colspan="2">活塞和管路系统漏油检查</td><td>闸门提起 48h，因系统漏油而产生的闸门沉降量小于等于 200mm</td><td></td></tr>
<tr><td>13</td><td>无水静水自动操作试验</td><td>灵活、无卡阻，快速闭门时间</td><td>灵活、无卡阻，快速闭门时间符合设计要求</td><td></td></tr>
</table>

4. 监理单位

（1）安装前的准备工作。

1）技术准备。

a. 图纸会审：监造单位应对图纸和设计文件进行审核签发，组织设计交底会。图纸会审时应明确启闭机工作的布置情况、安装工艺、详图的结构尺寸及施工图纸的技术要求和说明。

b. 编制启闭机监造实施细则，确定各部件和工序的质量见证点（W 点）、停工待检点（H 点）。

c. 审批设备安装上报的施工组织措施、技术方案、焊接工艺评定等文件。

2）人员准备。

a. 审查施工承包商上报的焊工资质，从事闸门一、二类焊缝焊接的焊工必须按《焊工技术考核规程》（DL/T 679—2012）或《锅炉压力容器管道焊工考试与管理规则》考试合格，具有经水利、电力主管部门或国家有关部门签发的焊工考试合格证。

b. 焊工焊接的钢材种类、焊接方法和焊接位置等均应与焊工本人考试合格的项目相符。

c. 审查施工承包商上报的无损检测人员必须持有国家专业部门签发的资格证书。评定焊缝质量应由Ⅱ级或Ⅱ级以上的检测人员担任。

（2）安装过程质量监督。

1）开工申请。监理单位在接到施工承包商开工报告申请后，须对各项安装准备工作（包括人员、工艺文件、设备、装置、仪器、辅助材料、焊材保管及发放制度、安装施工现场、环境保护、施工安全措施等）进行检查。当所有准备工作就绪检查合格后，监理单位签发开工令。

2）卷扬启闭机的安装及试验过程质量监督。以安装施工现场的工程质量为控制重点，严格按照质量控制细则进行，采用质量巡视跟踪、旁站和抽检等工作形式，对启闭机安装工艺、质量进行监督检查，启闭机安装质量检查符合质量标准。

a. 固定卷扬式启闭机安装。

（a）利用全站仪、经纬仪测量液压启闭机架的横向中心线与实际起吊中心线的距离偏差为±2mm，高程偏差为±5mm，用水准仪测量支承面的高差为±0.5mm，推力顶面的水平偏差为 0.2mm/m。

（b）缠绕在卷筒上的钢丝绳长度下极限时，留在卷筒上的圈数不小于 4 圈；上极限时，钢丝绳逐层缠绕在卷筒上；缠绕在卷筒上的钢丝绳逐层缠绕、不挤叠、不跳槽。

（c）固定卷扬式启闭机升降灵活、平稳、无卡阻；固定卷扬式启闭机安装质量合格。

（d）卷扬机动滑轮与闸门吊耳连轴情况良好。

b. 固定卷扬式启闭机试验。启闭机安装检查验收合格后，监理会同施工方对固定卷扬启闭机进行试验复检。

（a）试运转前的检查：门槽内的一切杂物已清除干净，保证闸门和拉杆不受卡阻，检查焊接焊缝已达到要求，检查地脚螺栓螺母无松动。

（b）电气控制系统通电试验：遵循先局部、后整体，先控制电路、后主电路试验原则，进行通电试验。主电路元件及接线的相序及指示位置正确；断路器主触点闭合良好、无缺相；接通控制电路电源，重复操作，电器元件分合程序、连锁、保护等动作正确；接通主电路电源，电动机工作及至电路转换的正确；各电动机和电气元件温升不超过各自的允许值。

（c）空载试验：启动启闭机带动动滑轮装置，在闸门孔口工作行程范围内进行上下全行程往返 3 次空载试验。电气设备应无异常发热现象，电动机运行平稳，三相电流值不平衡度不超过±10%；高度指示和荷重指示准确反映行程和重量，限位开关动作准确可靠；主令开关能发出信号并自动切断电源，使启闭机停止运行；所有机械运转时，应无异常冲击声；钢丝绳在任何部位均不与其他部件相摩擦；制动闸瓦松闸时全部打开，间隙符合要求。

（d）荷载试验（无水、静水）：门槽轨道清理无障碍，电气设备通电正常，机械设备动作灵活可靠，冷却润滑到位，空载试验合格后，动滑轮装置与闸门吊杆连接，在无水状态下，启动启闭机带动闸门在孔口门槽内全行程，上下升降 3 次进行负荷试验。试验过程中启闭机各部分没有破裂、永久变形、连接松动或损坏；电动机运行平稳，三相电流值不平衡度不超过±10%；电气设备无异常发热现象；所有保护装置和信号准确可靠，所有机械部件运转时无异常冲击声；制动器无打滑、焦味和冒烟现象；荷重指示器与高度指示器的读数能准确反映闸门在不同开度下的启闭力值，误差不超过±5%，符合要求。

3）液压启闭机的安装及试验过程质量监督。

a. 启闭机安装过程。启闭机安装过程见表 3–12。

（a）利用全站仪、经纬仪测量液压启闭机架的横向中心线与实际起吊中心线的距离偏差为±2mm，高程偏差为±5mm，用水准仪测量支承面的高差为±0.5mm，推力顶面的水平偏差为 0.2mm/m。

（b）用塞尺测量机架钢梁与推力支座的组合面间隙应不大于 0.05mm，局部间隙不大于 0.1mm，深度不超过组合面宽度的 1/3，累计长度不超过周长的 20%。

（c）用吊线锤的方式测量活塞杆的垂直度，应不超过 0.5mm/m。

表 3–12　　启闭机安装过程

质量目标		质量控制及试验检测依据
启闭机安装达到设计和规范要求		（1）设计施工图纸和技术文件。 （2）《水电工程启闭机制造安装及验收规范》（NB/T 35051—2015）。 （3）施工组织设计
过程控制要素		
作业步骤	检查项目	控制要点
测量放线	（1）安装点位桩号确定。 （2）安装点位高程	（1）对测量仪器进行经常性标定，保证仪器的准确性和可靠性。 （2）用红色油漆明确标示控制点位置。 （3）根据放样单计算各控制点的安装参数
机座安装	（1）吊点与孔口中心线的左右距离。 （2）里程。 （3）高程	（1）吊点与孔口中心线的左右距离偏差±2mm。 （2）吊点里程偏差±2mm。 （3）机座底部高程偏差±5mm
启闭机安装	制动系统	检查制动系统灵活性

b. 液压启闭机试验。

（a）试运转前的检查：门槽内的一切杂物已清除干净，保证闸门和拉杆不受卡阻，检查焊接焊缝已达到要求，检查地脚螺栓螺母无松动。

（b）电气控制系统通电试验：遵循先局部、后整体，先控制电路、后主电路试验原则，进行通电试验。其主电路元件及接线的相序及指示位置正确；断路器主触点闭合良好、无缺相；接通控制电路电源，重复操作，校验电器元件分合程序、连锁、保护等动作正确；接通主电路电源，校验电动机工作及至电路转换正确，各电动机和电气元件温升不超过各自的允许值。

（c）液压管路耐压试验：液压管道系统油液循环冲洗完毕后，进行管路系统耐压试验。试验压力为 $p_N \leqslant 16$MPa 时，$p_t=1.5p_N$；$p_N > 16$MPa 时，$p_t=1.25p_N$。在各试验压力下保压 10min，管路系统无泄漏现象；油泵第一次启动时，将油泵处溢流阀全部打开，连续空转 30min，油泵无异常现象；油泵空转正常管路充满油后，调整油泵溢流阀，使油泵在其工作压力的 50%、75%和 100%的情况下分别连续运转 15min，无震动、杂声和温升过高等现象；上述试验合格后，调整油泵溢流阀，使其压力达到工作压力的 1.1 倍时动作排油，此时无剧烈震动和杂声等现象；试验合格后，按图纸设计技术要求整定各压力阀的工作压力。

（d）空载试验：在活塞杆吊头不与闸门短拉杆连接的情况下，泵站试验合格后，进行全行程空载往复动作三次空载试运行试验。启闭机油缸活塞往复运动时，检查控制系统+排气+注油等功能合格，检测液压缸启动压力和系统阻力无异常，活塞杆运动平稳，无爬行现象。

（e）荷载试验：空载试验合格后，活塞杆吊头与闸门短拉杆连接，在无水（静水）状态下，手动、自动操作进行启门和闭门工况的全行程往复动作三次试运行试验。全行程启闭门工况往复动作试验时，已整定和调整好闸门开度（行程）检测装置、行程极限开关及电、液元件的设定值，检测电动机的电流、电压和油压的数据及全行程启闭的运行时间。启闭过程无超常振动，启停无剧烈冲击现象；缓冲装置减速正常，闸门无卡阻现象；将闸门提起，在 48h 内闸门因活塞油封和管路系统的漏油而产生的沉降量不大于 200mm；手动、自动操作试验闸门提升、快速关闭、缓冲的时间和库水位及油压值，其快速关闭时间符合图纸设计技术要求。

5. 第三方金属检测试验室

（1）根据项目建设单位安装现场施工安排和要求，对现场到货设备重要焊缝（第一类焊缝）开展抽检工作。

（2）根据监理单位安装现场施工安排和要求，第三方金属检测试验室负责对设备在现场安装完成的各类焊缝进行无损检测。

6. 项目建设单位

（1）安装前的准备工作。

1）项目建设单位按照《工程建设文件、图纸与技术资料管理手册》的有关规定，签收、转发并组织工程设计、监理、施工和供货承包商等单位开展预审工作，上述参建单位应认真组织送审资料的预审，并提出预审意见。

2）项目建设单位根据合同约定和公司管理要求，组织设计单位、监造单位、设备供货商对提交的技术文件、进度计划、关键部件、材料采购等进行审查，必要时可邀请专家进行专题审查，形成审查意见。

3）项目建设单位根据合同约定和施工承包商提交的进度计划进行批准。

（2）安装过程质量管理。

1）项目建设单位专业人员需对安装过程中的重要工序、部件进行质量巡视。

2）督促监理单位跟踪安装过程缺陷及遗留问题的处理结果。

（三）安装最终验收

（1）启闭机设备及附件安装完毕后，施工承包商应及时进行质量检查、监测和资料整理，报请监理工程师按照相关技术文件的要求进行验收和质量评定。

（2）启闭机设备及附件全部完工后，应提交启闭机设备安装工程验收申请报告，并附以下完工资料。

1）完工项目清单。

2）安装竣工图纸。

3）主要材料和外购件的产品质量证明书、使用说明书或试验报告。

4）安装焊缝质量检验报告。

5）焊接工艺评定报告。

6）高强度螺栓连接副摩擦面的抗滑移系数复验和安装检查报告。

7）启闭机设备及其埋件的安装质量检验记录。

8）启闭机设备调试及试运行报告。

9）重大缺陷和质量事故处理报告。

10）监理人要求提供的其他竣工资料。

四、钢结构安装管理

钢结构主要包括钢网架、钢盖板等的地下厂房、开关站及附属建筑物钢结构及其埋设件的制作和安装。

（一）安装前应具备的资料

（1）钢结构安装图纸、技术文件。

（2）安装用钢材、焊材及防腐材料的质量证书。

（3）标准件和非标准协作件的质量证书。

（二）安装过程相关各方职责

1. 设计单位

（1）提交设计安装技术要求、荷载分布等相关技术指标。

（2）参与审查施工承包商编写的施工组织措施。

（3）检查安装施工过程中的设计修改和质量问题的处理情况。

（4）审查厂房网架的布置图、装配图，以及其所需的预埋件布置图等。

（5）审查屋面送、排烟口，检修吊孔布置、检修栈道、风管托架槽钢及托板等布置图、施工图。

2. 设备供货商

（1）提供技术图纸、检验标准、图纸及安装说明书，并开展现场技术交底工作。

（2）参与审查安装承包商编写的施工组织措施。

（3）提供现场技术服务，指导钢网架和钢结构的安装工作。

3. 施工承包商

（1）安装前的准备工作。

1）编制并上报施工组织措施。编制钢结构安装的施工组织措施内容包括：

a. 网架结构安装和安装场地的布置及说明；

b. 地下厂房桥机配合要求；

c. 网架安装施工平台设计制作方案；

d. 钢构件的吊装方案；

e. 网架结构的安装方法；

f. 网架结构安装的进度计划；

g. 质量与安全保证措施；

h. 安全专项施工方案；

i. 项目建设单位要求提交的其他资料。

2）材料检验成果报告。根据合同相关规定向监理单位提交各项材料检验成果。

（2）安装过程质量控制。

1）设备的交货、运输及开箱检查。

a. 钢结构运到合同约定的交货地点卸货后，根据设备到货清单对设备进行开箱检查、清点合格后，与设备供货商、监理单位、项目建设单位共同在验收文件上签字。

b. 钢结构正式接收后，负责设备的装卸、运输、保管和贮存等。

2）根据钢结构单件重量和运输要求，制定详细的起吊和运输方案，其内容包括采用的起重和运输设备、大件起吊和运输方法。

3）安装现场清理检查。

a. 安装前，应会同监理人共同校测用于安装的基准点和控制点，以及检查网架结构工程的安装轴线、基础标高、基础混凝土强度是否符合施工图纸的规定。

b. 钢构件吊装前应清除其表面的泥渍、灰尘和油污等。

c. 网架结构制作、安装和验收用的测量器具应满足精度要求，并应经计量检定机构检定合格。

4）安装过程质量控制要求。

a. 应按照相关文件（合同文件、规程规范、焊接工艺评定等）要求，结合工程特点实际情况编制相应的施工方案、进度计划，并制定妥善的环保和劳动安全措施，报监造单位批准后实施。

b. 应建立健全安装指令检查制度，切实把好施工质量关，严格执行“三检”制度，做好交班检查和工序检查，坚持“上一道工序验收合格后才能进行下一道工序施工”的原则。

c. 加强安装过程中质量检查、监督和控制，施工前编制施工方案，及时做好施工前的技术培训和交底，确定监造单位和项目建设单位的质量见证点（W 点）和停工待检点（H 点）。

d. 应按照经审查同意的设计图（含设计说明书、设计修改通知单）进行制造，如有修改，应取得监造单位和项目建设公司的书面同意。设备供货商应对修改内容做详细记录，并作为绘制竣工图的依据。

5）基础和支承面的安装。

a. 网架结构的支承构造应符合施工图纸要求，垫钢板处每组不得多于 2 块；采用成对钢斜垫板时，其叠合长度不应小于垫板长度的 2/3。垫板与基础面和网架结构支承面的接触应平整、紧密。

b. 支承面顶板的位置、标高、水平度及支座锚栓位置的允许偏差应符合表 3–13 的规定。

表 3–13　　支承面顶板的位置、标高、水平度及支座锚栓位置的允许偏差

项目		允许偏差（mm）
支承面顶板	位置	15.0
	顶面标高	0 –3.0
	顶面水平度	*L*/1000
支座锚栓	中心偏移	±5.0
预留孔中心偏移		10.0

c. 地脚螺栓（锚栓）尺寸的允许偏差应符合表 3–14 的规定，支座锚栓的螺纹应受到保护。

表 3–14　　地脚螺栓（锚栓）尺寸的允许偏差

项　　目	允许偏差（mm）
螺栓（锚栓）露出长度	+30.0 0.0
螺纹长度	+30.0 0.0

6）网架结构的安装。

a. 安装前，应对钢构件进行检查。当钢构件的变形超出允许偏差时，应采取措施校正后才能安装。

b. 网架结构采用扩大拼装单元进行安装时，对容易变形的钢构件应进行强度和稳定性验算，必要时应采取加固措施。

c. 当采用单点或多点抬吊安装、高空滑移安装时，其吊点必须通过计算确定，并确保承载力。

d. 利用安装好的网架结构吊装其他物件时，事先应征得发包人同意，并应进行验算，在确认安全后方能使用。

e. 钢梁、桁架、支撑等主要构件安装就位后，应立即进行校正、固定，当天安装的钢构件应形成稳定的空间体系。

f. 在室外进行网架结构安装校正时，除考虑焊接变形因素外，还应根据当地风力、温差、日照等影响，采取相应的调整措施。

g. 施工图纸要求顶紧的接触面，应有 70%的面紧贴，用 0.3mm 厚塞尺检查，塞入面积之和应小于 30%，边缘最大间隙不应大于 0.8mm，并做好记录。

h. 钢构件的连接接头应按施工图纸的规定，检查合格后方能连接。在焊接和高强度螺栓并用的连接处，应按“先栓后焊”的原则进行安装。

i. 承受荷载的安装定位焊缝，其焊点数量、厚度和长度应进行计算确定。

j. 钢构件摩擦面，安装前应复验构件制造厂所附试件的抗滑移系数，合格后方能使用。抗滑移系数应按《钢结构高强度螺栓连接技术规程》（JGJ 82—2011）相关规定进行复验，抗滑移系数值应符合施工图纸要求。

k. 高强度大六角头螺栓连接副，应按出厂批号复验扭矩系数平均值和标准偏差；扭剪型高强度螺栓连接副，应按出厂批号复验紧固轴力平均值和变异系数，复验结构应符合《钢结构高强度螺栓连接技术规程》（JGJ 82—2011）的相关规定。

l. 高强度螺栓连接副的安装应按《钢结构高强度螺栓连接技术规程》（JGJ 82—2011）的相关规定执行。

m. 高强度螺栓连接副安装完毕后，应检查高强度螺栓连接副复验数据、抗滑移系数复验数据、扭矩、扭矩扳手检查数据，扭矩检查应在螺栓终拧 1h 以后、24h 以前完成。检查记录应提交发包人。

n. 用高强度螺栓连接的网架结构，在拧紧螺栓并检查合格后，应用油腻子将所有接缝处填嵌严密，并应按防腐要求进行处理。

o. 当网架用螺栓球节点连接时，在拧紧螺栓后，应将多余的螺孔封堵，并用油腻子将所有接缝处填嵌严密，再补刷防腐涂料。

（3）安装问题的处理。应按照设计图纸及设计技术要求的规定进行安装，在安装中若发现设计技术要求与施工现场实际情况有不符之处，须及时提出，在征得监理单位和项目建设单位同意后，方可进行修改，且应有相应的设计修改通知单或经设计部门书面同意的技术核定单。

4. 监理单位

（1）安装前的准备工作。

1）技术准备。

a. 图纸会审：监理单位应对图纸和设计文件进行审核签发，组织设计交底会。图纸会审时应明确钢网架及钢结构安装顺序、详图的结构尺寸及安装施工图纸的技术要求和说明。

b. 审批施工承包商上报的施工组织措施、技术方案等文件。

2）材料准备。

a. 钢网架材料进场时，监理单位通过目视检查和查阅材质保证单，检查产品质量证明书是否齐全及规格尺寸、外观质量等是否满足规范要求对钢板质量做出综合评价。

b. 检查对杆件、焊接球等部件的超声波探伤和理化性能抽检取样是否符合有关规定。

c. 根据对购入的焊接材料质量的判断和评价，确定检查项目，指示施工承包商有针对性地对焊接材料进行抽样检查。

（2）安装过程质量监督。网架主体结构构件、屋面板、检修栈道、通风口、风管托架槽钢及托板等全部构件的制作、焊接、涂装、预拼装均应以工厂制作为主，现场仅进行组装及局部的修改。安装过程中应对各制作工艺、流程按规范要求进行质量控制，并留有记录。

5. 项目建设单位

（1）安装前的准备工作。

1）项目建设单位按照《工程建设文件、图纸与技术资料管理手册》的有关规定，签收、转发并组织工程设计、监理、施工等单位开展预审工作，上述参建单位应认真组织送审资料的预审，并提出预审意见。

2）项目建设单位根据合同约定和公司管理要求，组织设计单位、监造单位、设备供货商、施工承包商对提交的技术文件、进度计划、关键部件等进行审查，必要时可邀请专家进行专题审查，形成审查意见。

3）项目建设单位根据合同约定和施工承包商提交的进度计划进行审核批准。

（2）安装过程质量管理。

1）项目建设单位专业人员需对安装过程中的重要工序、部件进行质量巡视。

2）督促监造单位跟踪安装过程缺陷及遗留问题的处理结果。

（三）安装最终验收

（1）网架及钢结构安装完毕后，施工承包商应及时进行质量检查、资料整理，报请监理工程师按照相关技术文件的要求进行验收和质量评定。

（2）网架及钢结构全部完工后，应提交网架及钢结构工程验收申请报告，并附以下完工资料。

1）施工图设计完整资料。

2）设计修改通知单。

3）修改后永久工程竣工图。

4）监理工程师通知单。

5）设备及原材料清单、材质证明、试验报告及产品合格证。

6）工程试验报告或记录。

7）缺陷处理记录及附图。

8）永久工程移交清册（包括永久设备）。

9）监理人要求提供的其他竣工资料。

五、质量管控

（一）强制性条文执行

（1）根据《中华人民共和国工程建设标准强制性条文（电力工程部分）》《实施工程建设强制性标准监督规定》，工程建设、设计、监理、施工等单位应制定强制性条文执行计划，相关工程管理及技术人员应熟悉、掌握强制性条文。

（2）金属结构设备安装过程中，参建各单位应严格执行强制性条文，不符合强制性条文规定的，应及时整改，并应保存整改记录。未整改合格的，严禁通过验收。

（3）施工承包商、监理单位在安装过程中如发现设计文件有不符合强制性条文规定的，应及时向设计或项目建设单位提出书面意见或建议。

（4）现场安装施工强制性条文执行情况的，检查主体责任单位为监理单位。项目建设单位机电部对建设强制性条文执行的计划、检查等实施情况进行监督、检查。

（二）安装质量管控

1. 设计质量管控

（1）设备安装设计图纸、文件审查的目的是为了确保设计图纸、文件符合国家、行业和国家电网公司相关要求，减少图纸中的差错，保证工程和设备质量。

（2）项目建设单位组织相关参建单位（必要时还应聘请专家），对设备安装设计的图纸进行审查，形成审查意见并填报“×××项目图纸和文件审查意见表”，经项目建设单位分管领导批准后送交施工承包商。

（3）项目建设单位应对设备供货商落实审查情况进行监督检查。

（4）对设备供货商的最终版设备安装图纸、文件（包括设备使用说明书、出厂调试报告等），需经设计单位审查、盖章，项目建设单位确认后分发设备供货商、监理、施工承包商使用。

2. 安装质量管控

（1）项目建设单位依据《建设工程监理规范》（GB/T 50319—2013）及相关合同规定，委托监理单位，对施工承包商的安装进行全过程管理，按照施工图纸、设备供货商技术文件等进行安装检查、试验和验收。

（2）监理单位通过旁站、抽检见证等方式，对监理业务范围内设备安装检查、试验和验收、进度进行全过程监督，负责监督技术监督和反措要求在设备安装阶段的落实情况。

（3）项目建设单位负责审核监理单位编制的设备监造实施细则，监督、考核监理单位的服务质量，根据合同约定参与设备安装过程的关键点见证验收，协调处理安装过程中发现的质量、进度问题。

思考与练习

1. 简述压力钢管安装过程中质量控制内容及标准。
2. 简述监理工程师在压力钢管安装工作职责及内容。
3. 简述液压启闭机现场安装及试验的内容。
4. 简述金属结构设备的质量管控内容。